周福霖院士团队防震减灾科普系列

中国地震局公共服务司（法规司）
中国土木工程学会防震减灾工程分

勇于牺牲的

——结构消能减震

郝霖霏 张 颖 徐 丽 贺 辉 著

中国建筑工业出版社

图书在版编目（CIP）数据

勇于牺牲的抗震先锋：结构消能减震 / 郝霖霏等著
. —北京：中国建筑工业出版社，2022.11（2024.6重印）
（周福霖院士团队防震减灾科普系列）
ISBN 978-7-112-28226-5

Ⅰ. ①勇… Ⅱ. ①郝… Ⅲ. ①建筑结构—抗震结构—普及读物 Ⅳ. ①TU352.1-49

中国版本图书馆 CIP 数据核字（2022）第 234006 号

本书撰写的目的是为了向一般读者普及结构消能减震的基本知识。作为土木工程防灾减灾领域近几十年来最重要的进展之一，这一技术正在全世界范围内获得越来越广泛的应用，其有效性也多次经历了地震灾害的检验。本书以我国传统木构建筑为切入点，从消能减震的基本原理、发展历程、应用领域、实现装置、工程应用等角度，带领读者全面领略消能减震技术的奥秘。本书在编排上考虑到读者不同的知识需求和学习能力，正文内容仅限于对基本知识的介绍，利用丰富的图片和例子，将概念形象化、具体化。把一些相对抽象的理论知识以“科学小讲堂”的形式安排在相关章节的末尾，供感兴趣的读者进一步学习和理解。

责任编辑：刘瑞霞　梁瀛元
责任校对：张　颖

周福霖院士团队防震减灾科普系列
勇于牺牲的抗震先锋——结构消能减震
郝霖霏　张　颖　徐　丽　贺　辉　著

*

中国建筑工业出版社出版、发行（北京海淀三里河路 9 号）
各地新华书店、建筑书店经销
华之逸品书装设计制版
建工社（河北）印刷有限公司印刷

*

开本：787 毫米×960 毫米　1/16　印张：6¼　字数：112 千字
2023 年 3 月第一版　2024 年 6 月第二次印刷
定价：**49.00** 元

ISBN 978-7-112-28226-5
（40190）

丛书序言

人类社会的历史，就是不断探索、适应和改造自然的历史。地震是一种给人类社会带来严重威胁的自然现象，自有记录以来，惨烈的地震灾害在历史上不胜枚举。与此同时，20世纪以来，随着地震工程学的诞生和发展，人类借以抵御地震的知识和手段实现了长足进步。特别是始于20世纪70年代的现代减隔震技术的工程应用，不仅在地震工程的发展史上具有里程碑意义，而且为改善各类工程结构在风荷载及环境振动等作用下的性能水平，进而提升全社会的防灾减灾能力提供了一种有效手段。

实际上，减隔震思想在历史上的产生比这要早得多，它来源于人们对地震灾害的观察、分析和总结。例如，人们观察到地震中一部分上部结构因为与基础产生了滑移而免于倒塌，从而意识到通过设置“隔震层”来减轻地震作用的可能性。又如，从传统木构建筑通过节点的变形和摩擦实现在地震中“摇而不倒”的事实中受到启发，人们意识到可以通过“耗能”的手段来保护建筑物。在这些基本思想的指引下，经过数十年的研究和实践，与减隔震技术相关的基本理论、实现装置、试验技术、分析手段和设计方法等均已日臻成熟。在我国，自20世纪80年代以来，结构隔震、结构消能减震、结构振动控制以及与之相匹配的各种新型试验技术作为地震工程和土木工程领域的发展前沿受到了广泛关注，取得了丰硕的研究成果，诞生了汕头凌海路住宅楼、广州中房大厦等开创性工程实践，以及北京大兴机场、广州塔、上海中心大厦等著名的代表性案例。

我国正在经历世界上规模最大的城镇化进程，而我国国土面积和人口有一半以上位于地震高风险区。过去几十年，减隔震相关技术在我国取得的跨越式发展令人鼓舞，展望未来，这些技术还将拥有更加广阔的发展前景。然而，今天的我们必须认识到，作为防震减灾最有效、最重要的手段之一，减隔震正在日益走进人们的生活，但在专业领域之外，社会公众对减隔震相关技术的认识水平和关注度尚不尽如人意。大多数公众对减隔震的概念即便不是“闻所未闻”，也仅仅停留在字面意义上的简单认知；不少土木工程专业的本科生和研究生在学习相关专业课程之前，对减隔震相关的基本概念和原理也缺乏了解。无怪乎当网友们看到上海中心大厦顶端的调谐质量阻尼器在台风中来回摆动发挥减震作用时，纷纷大呼“不明觉厉”甚至于感到心惊肉跳。与在学术和工程界受到关注的热烈程度相比，减隔震技术对于社会公众而言未免显得过于遥远和陌生了。

防震减灾水平的提升有赖于全社会的共同参与，减隔震技术持续发展的动力来源于公众和市场的接纳，而实现这些愿景的一个重要前提在于越来越多的人了解减隔震，相信减隔震。秉承这一目标，我与广州大学工程抗震研究中心团队编写了本丛书，从隔震技术、消能减震技术、振动控制技术和抗震试验技术四个角度，带领读者了解防震减灾领域的一系列基本概念和原理。

在本丛书的第一册《以柔克刚——建造地震中的安全岛》中，读者们将了解到隔震技术何以能够成为一种以柔克刚的防震减灾新思路，了解现代隔震技术发展成熟的简要过程以及代表性的隔震装置，了解各种采用隔震技术的典型工程实例。

丛书的第二册《勇于牺牲的抗震先锋——结构消能减震》将从基本概念、典型装置和代表性工程案例等角度带领读者对消能减震技术一探究竟。

丛书的第三册《神奇的能量转移与耗散——结构振动控制》聚焦一种特殊的减震装置——调谐质量阻尼器，它被应用在我国很多标志性的超高层建筑上，读者可以通过本书初步地认识这一巧妙的减震技术。

丛书的第四册《试试房子怕不怕地震——结构抗震试验技术》则关注了防震减灾技术研发中一个相当重要的方面——抗震试验技术。无论对于隔震、消能减震还是振动控制技术，它们的有效性和可靠性毫无疑问都需要接受试验的检验。本书试图通过简明通俗、图文并茂的讲解，使读者能够一窥其中的奥妙。

防震减灾是关系到国家公共安全、人民生命财产安全和经济社会可持续发展的基础性、公益性事业。减隔震相关技术经过几代人的不懈努力，正在向更安全、更全面、更高效、更低碳的方向蓬勃发展。在减隔震技术日益走进千家万户的同时，全社会对高质量科学传播的需求正在变得愈加迫切。衷心希望这套科普丛书能够为我国的防震减灾科普宣传做出一些贡献，希望我国的防震减灾科普事业欣欣向荣、可持续发展，真正能够与科技创新一道成为防震减灾事业创新发展的基石。

周福霖

2022年10月10日

前言

人类对地震灾难的记录可以上溯到距今四千年前。人类社会在反复承受这种灾难的同时，也在逐步地加深对它的认知，同时不断地寻求减轻地震灾害的有效手段。工业化带来了城市规模的空前扩张，随之而来的是土木工程相关领域技术的飞跃式发展。现代消能减震技术就是在这样的背景下应运而生的。几十年来，消能减震技术的应用对象除了超高层结构、大跨度结构等建筑结构以外，也拓展到了桥梁、输电塔等其他结构领域。从地震、台风，到行人、地铁等引发的环境振动，造成结构安全性和舒适性问题的原因多种多样，而消能减震技术在解决这些问题方面已经得到了充分的实践。

我国有一半以上的国土面积和人口位于地震高风险区。近年来，汶川地震、玉树地震等造成的严重伤亡和巨大损失不断警示我们提升城乡防震减灾能力的紧迫性。随着社会发展水平的不断提升，对新建和既有结构的地震安全性需求正变得日趋严格。在安全性的基础上，各种多样化的性能需求也日益受到人们的关注。在这一背景下，尽管消能减震技术的工程应用近年来在国内增长迅猛，但相比我国在快速城市化进程中每年新增各类结构设施的庞大体量，消能减震技术的应用还具有相当广阔的发展前景。

消能减震技术的发展已经日臻成熟，消能减震结构在我们身边也已变得不再罕见。然而对于一般大众而言，“结构消能减震”的概念却仍然被一知半解的迷雾包围，那些五花八门的“消能减震神器”——阻尼器，也因此散发出些许神秘的气息。“神器”如何实现“消能”？又为何可以“减震”？为什么它们功能相近，却又如此形态各异？面对千变万化的条件和需求，又如何能让它们的减震作用得到充分发挥？伴随着消能减震技术逐渐走入人们的日常生活，大家想必会发出类似的疑问。

我们必须看到，在今天这样一个新需求和新问题都不断涌现的“风险社会”，包括地震在内的各种振动导致的灾害和环境问题与我们每个人的生活息息相关。作为应对这些灾害和问题的一种有效手段，结构消能减震的概念必将日益成为社会公共安全知识中的重要一环。本书旨在面向一般读者普及结构消能减震相关的基本概念和基础知识，力图以通俗易懂、图文并茂的方式向大家介绍结构消能减震的一般原理、常见的实现装置和典型的工程案例。为有兴趣了解消能减震技术、学习防震减灾知识的读者提供一条门径，带领大家一窥其中的奥秘。

特别感谢钟佳诚、刘新宇、梁沛瑶、曾毅、马心怡等同学为本书绘制了大量的插图。限于作者的见识和水平，书中欠妥、遗漏之处在所难免，真诚欢迎读者提出批评、给予纠正。

目录

I

第1章

引言
——传统木构建筑屹立千年的秘密

Hi，我是小消，很高兴认识你！

我们知道地震拥有可怕的巨大力量，怎样才能让我们的房屋不被地震这个巨怪摧毁掉呢？

小消带你一起了解一个勇于牺牲的抗震先锋吧！它可以让房子在地震面前安然无恙。

首先，让我们来揭晓一个与古建筑有关的秘密！

中国有着辉煌灿烂的古代文明，作为其重要的物质载体，为数众多的古代建筑穿越历史的长河得以保存至今。据调查统计，目前在中国境内留存的唐、五代建筑（公元960年以前）就有山西五台山佛光寺东大殿（图1-1）、南禅寺大殿、陕西西安慈恩寺大雁塔、荐福寺小雁塔、河北正定县文庙大成殿等。北宋、辽代建筑（公元960—1127年）则有山西太原晋祠圣母殿、辽宁义县奉国寺大殿、山西应县佛宫寺释迦塔（图1-2）、河北正定隆兴寺转轮藏殿等40余处。南宋至清代古建筑则更多，既坐落于都州府县，也分布于山野村落。

图1-1　山西五台山佛光寺东大殿

图1-2　山西应县佛宫寺释迦塔

我们注意到，这些留存至今的古建筑中绝大部分属于传统木构建筑。这是为什么呢？

在古代，木结构具有取材方便、施工快速的优点，是以中国为代表的东亚传统建筑的主流。传统木结构普遍采用梁-柱结构体系，以硕大的悬挑屋顶为其造型上的特点，而悬挑屋顶往往是通过斗拱这一关键部件实现的。斗拱位于立柱及横梁的交会处，在将屋顶的荷载传递给立柱的同时，也兼具一定的装饰作用。

斗拱的妙用仅止于此吗？

今天的人们通过研究发现，以斗拱（图1-3）等构件及构造形式为特征的传统木构建筑中还蕴含着古人高妙的抗震智慧。

图1-3　佛光寺东大殿（左）及应县释迦塔（右）斗拱特写

中国被世界两大地震带——环太平洋地震带和地中海-喜马拉雅山地震带所包围，历史上地震活动十分频繁且分布广泛。史籍《竹书纪年》记载了夏朝发生的一场地震（“帝发”“七年陟泰山震”），时间约为公元前1831年，这被认为是世界上最早的地震记录之一。自此以后，历史文献中记载的有人员伤亡的地震不下400余次。其中1556年（明嘉靖三十四年）发生在陕西华县的地震更是中国乃至世界历史上最惨烈的地震之一（据记载死亡人数超过83万人）（图1-4），灾害影响甚至远及江南地区。

其節義將扼花紗衣一套抹之婦言我夫已死
何恐在世飽飯晝夜哭三日而死
地震
嘉靖三十四年乙卯十二月十二日壬寅山西
南山陝同日地大震聲如雷雞犬鳴吠陝西華
朝邑三原等處山西蒲州等處尤甚或地裂泉
中有魚物或城郭房屋陷入地中或平地突成
阜或一日連震數次或累日震不止河渭泛漲
岳終南山鳴河壅數日壓死官吏軍民奏報有
八十三萬有奇致仕南兵部尚書韓邦奇南光祿馬
南祭酒王維楨同日死焉米仲良家八十五丁
朝元家一百十九丁俱覆如此者甚衆其不知
未經奏報者復不可數計
地震之夕王祭酒侍奴太夫人溺下二鼓太夫
命歸寢領諾歸未即榻而覺乃奔出急呼太夫
時太夫人已就寢驚慰祭酒反被合墻壓斃太
人雖屋覆而無恙也富平舉人李然與冀北道
議耀州左熙內兄妹丈也同會試抵舊閿鄉店

图1-4　历史资料对华县地震的记载

第一章　引言——传统木构建筑屹立千年的秘密

因此，遍布国内的很多传统木构建筑在历史上都反复经历了地震的考验。那么，是什么原因让这些精美绝伦的建筑得以屹立千年而不倒呢？

为了探究其中的原因，国内外专家开展了各种研究。国内的一些学者曾搭建了如图1-5所示的包含榫卯节点的传统木结构模型[1]，并通过振动台试验模拟了木结构在地震下的行为。如图1-6所示，四根柱子浮置于四块础石之上，柱子与础石之间不设拉结。柱的上端通过“燕尾榫”与阑额连接，阑额一方面将四根柱子连成整体，构成“柱架”，另一方面作为水平构件承担着上部构件的重量。柱架上方铺设普拍枋，其上安置斗拱，梁架又承托于斗拱之上，梁架上方放置了钢筋混凝土的配重板，以模拟屋盖层的重量。这是一个完全依照宋代《营造法式》的法则构建的木结构，虽然实际中的传统木构建筑要恢弘、复杂得多，但作为试验试件，这一简单木结构仍能反映传统木构建筑抗震性能的本质。

图1-5 传统木结构模型[1]

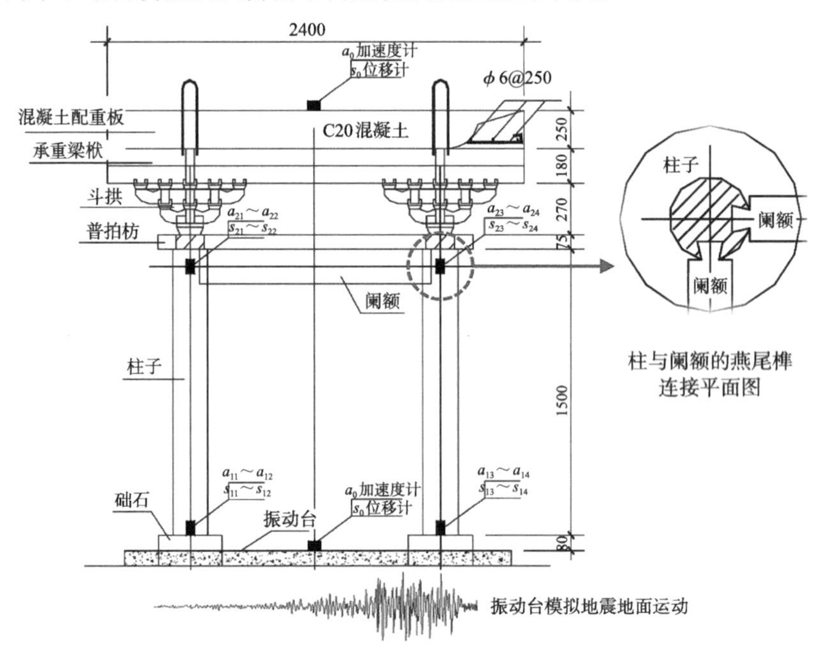

图1-6 放置在振动台上的木结构模型[1]

试验是如何进行的呢？如图1-6所示，将木结构模型固定在振动台上，通过作动系统的驱动，使振动台台面产生与地震时的地面相类似的振动，木结构模型因而产生与地震时类似的振动响应。人们通过这样的振动台试验可以分析木结构模型在不同强度的地震作用下的抗震性能。

在振动台试验中可以观察到，柱根在模型振动过程中发生侧移，同时柱子来回摆动，在其与阑额的榫卯连接处，榫不断从卯中拔出又重新闭合，同时柱架与普拍枋之间，普拍枋与斗拱之间也发生了相对滑移和转动。尽管如此，木结构模型的各个构件并未发生破坏，结构整体也未发生倒塌。甚至当地面振动加速度达到0.9g(相当于9度以上的大地震)时，振动中榫的一大半已从卯中拔出，模型仍能保持稳定，且振动结束后榫卯又恢复闭合。直到地面振动加速度达到1.2g时，在柱与阑额的连接处榫才彻底从卯中脱出，结构随即倒塌。

木结构为什么可以这样稳固不倒呢？专家们通过数据监测发现，自柱根向上，在柱头及斗拱顶面测量到的振动过程中的最大加速度均比柱根要小。这说明“地震”在从振动台台面向上传播的过程中被“减轻”了！

进一步的分析研究告诉我们，地震得以减轻的原因在于木结构模型各部件间产生的摩擦。在振动过程中，榫卯连接处反复地张开闭合，柱架与普拍枋，普拍枋与斗拱之间发生相对滑移和转动，均使不同部件相互之间产生摩擦。从振动台台面传来的“地震”能量被这些摩擦所消耗，达到了减轻地震作用的效果。

自公元6世纪开始，中国的传统木构建筑技术随着佛教一起传入朝鲜半岛和日本。目前日本保有的数量众多的传统木构建筑也普遍采用了与中国类似的构造形式及建造技术(图1-7)。日本的专家学者搭建了与图1-6类似的，具有

图1-7　法隆寺五重塔

实际尺寸的传统木结构模型（图1-8）并开展了振动台试验[2]。试验中观察到了类似的振动行为和破坏模式。经过监测和分析发现，木结构模型在振动过程中表现出明显的摩擦耗能、减轻地震的效果。日本学者还对一栋建造于18世纪的传统木构寺庙建筑进行了现场试验（图1-9）[3]。通过千斤顶对结构施加水平力，模拟地震对结构的作用，再借助激振器测量结构的耗能能力。试验结果表明，当地震使结构发生明显变形时，结构的耗能能力明显增强，这种耗能能力来自于木结构构件间相对运动产生的摩擦，并能起到减轻地震作用的效果。

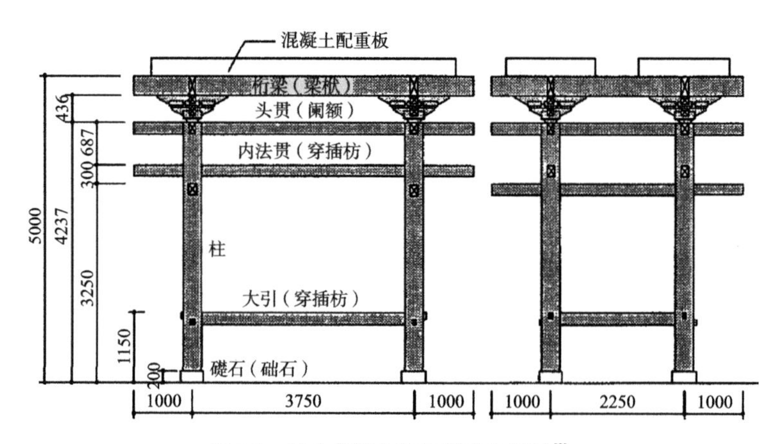

图1-8　日本传统木结构振动台模型[2]

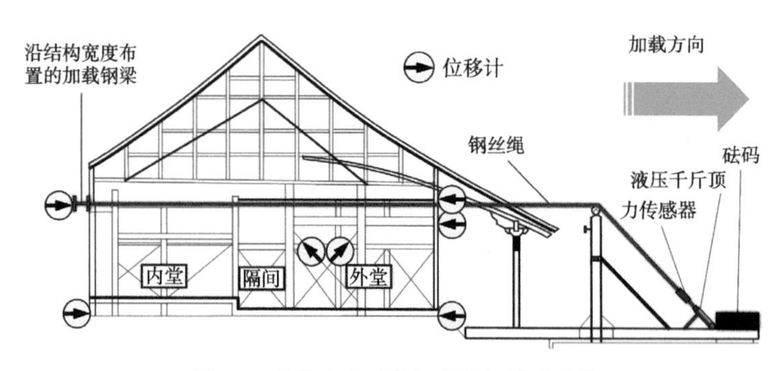

图1-9　木构寺庙建筑的现场加载试验[3]

东亚传统木构建筑是人们与地震长期共生的历史的产物。通过允许结构的不同构件间产生一定的相对位移，利用摩擦消耗地震能量，使结构在地震作用下摇而不坏、倾而不倒，实现了充分的抗震性能。尽管先人们还无法从理论上认识这一减震机理，但其中所蕴含的恰恰是古典东方哲学中以弱胜强、以柔克刚的智慧。

今天的人们在现代科学技术的基础上，已经能够充分地研究和揭示其中的原理和规律，并将其创造性地应用于现代结构工程中，形成了现代消能减震技术。它也是本书的主角，是我们将要带领大家认识的抗震先锋。

目前，消能减震技术已经在全世界广泛应用，并经历了多次地震的考验，展现出良好的性能。1979年，洛阳机械工业部第四设计院试验厂厂房首次采用了软钢阻尼器，成为国内首个采用消能减震技术的工程项目[4]。据统计，截至2019年，国内采用消能减震及隔震技术的建筑工程已达7000个以上（图1-10）。2021年9月1日，《建设工程抗震管理条例》（以下简称《条例》）开始施行，《条例》规定地震高风险地区和重点设防地区的学校、医院、应急指挥中心、应急避难场所等关键建筑物应当采用消能减震等技术，以保证地震灾害发生时的正常使用。《条例》还鼓励在其他建设工程中采用消能减震技术，提高抗震性能。

图1-10　应用在现代木结构上的消能减震装置——黏滞阻尼器

可以预见，随着社会经济和建筑技术的发展，对建筑的功能要求不断精细化、多样化，消能减震技术具有广阔的应用前景和长足的发展潜力。

下面，我们就来逐步了解这个抗震先锋是怎么通过自我牺牲来保护房屋的。

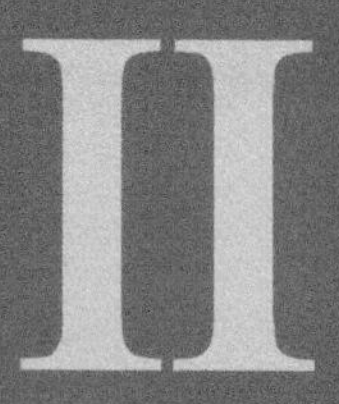

第2章

大名鼎鼎的抗震先锋究竟有何神通？——关于消能减震的一些基本概念

Hi，我是小消。

这一章，我们要来了解结构消能减震这个抗震先锋到底是什么，为什么能从古走到今？

大家在日常生活中，或许多多少少都见到过“减震”“隔震”“减振”这样的字眼，它们之间究竟有什么区别呢？

2.1 “消能减震”和“抗震”有啥区别？

我们先来聊聊地震的成因。

人类自古以来对于地震有着各式各样的猜想。1960年代以来，板块构造理论（plate tectonics）提供了一种主流的解释。这个理论认为，人类生活的地球表面覆盖着大小不一的板块，其厚度从几公里到100公里不等。一方面，板块下方的地幔在极高的温度下形成环流，从海底山脉涌出造成板块的生长；另一方面，在相邻板块的交界处，板块存在挤压和相对运动，并最终下沉回归到地球内部。板块间的挤压和相对运动积累了巨大的应变势能，一旦板块出现破裂，这些能量以波的形式向外释放，从而形成地震、海啸等大规模灾难。

地震波在板块的内部及表面传导，引起地表发生各个方向的振动（图2-1）。就像人站在发生晃动的甲板上，仿佛受到力的作用而站立不稳，而此处的“力”实则由惯性引起，可称为惯性力。类似地，地震中建筑物在晃动的地基上也会受到惯性力的作用，这种由地震引起的惯性力被称为地震力。建筑结构在地震力作用下发生的位移和变形等都属于结构的“地震响应”，而地震力在这些位移和变形上做功相当于消耗了地震波传

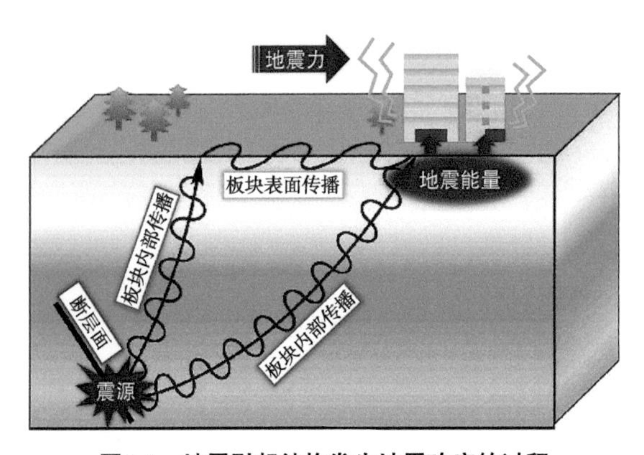

图2-1 地震引起结构发生地震响应的过程

递的地震能量。由于结构在超过自身承载能力或变形能力的情况下会发生倒塌，因此如图2-2（a）所示，为了消耗足够多的地震能量，结构需要有足够大的承载能力，或者在维持一定承载能力的前提下，具有足够大的变形能力。通过增大自身的承载能力或变形能力来确保消耗足够多的地震能量，从而抵抗地震作用而不发生破坏倒塌，这就是传统“抗震”结构的基本思路。

那么，传统抗震有什么问题呢？对于很强的地震，完全通过增大结构的承载能力来抵抗地震，往往造成构件过分粗大，在增加建设成本的同时也会压缩使用空间。因此，实际中往往还需要利用结构的变形能力来确保足够的地震耗能。然而，结构的变形能力需要以构件的损伤以及建筑使用功能的丧失为代价。例如构件开裂会影响建筑的防水、保温效果，过大的结构变形也会导致门窗、填充墙、吊顶等非结构构件以及设备的损坏。在这种情况下，为了使建筑恢复正常的使用功能，用于非结构构件及设备的修复费用甚至要高于结构本身的修复费用。因此，人们仍然需要寻找更加合理有效的手段来提升建筑物抵抗地震的能力。

与传统的“抗震”不同，我们的抗震先锋——“消能减震”的基本思路是通过在结构中附加各种消能减震装置来消耗地震能量。这些消能减震装置也被称为“阻尼器”。地震作用下，结构一旦出现变形、位移，或产生速度、加速度等地震响应，阻尼器就开始为结构提供一个附加的抵抗力（也称为阻尼力）。这些附加的抵抗力随着结构的变形不断做功，就能够消耗地震能量。这样一来，本来用于使结构产生振动、变形、损伤和破坏的地震能量被阻尼器部分地消耗、吸收和转化。对于强度比较小的地震，几乎所有的地震能量都可以被阻尼器消耗，结构在地震作用下的振动（地震响应）大大减小，振动持续的时间明显缩短，结构在地震后几乎完好无损。对于强度很大的地震，阻尼器可能无法全部地消耗地震能量，这意味仍然有一部分地震能量需要通过结构的变形和损伤进行耗散。也就是说，在很强的地震下，阻尼器可能并不能完全避免结构出现损伤或者建筑功能的降低。然而，阻尼器毕竟帮助结构分担了相当部分的地震能量，因此即使在很强的地震作用下，相比于传统的“抗震”结构，消能减震技术仍然能够显著地减小结构的地震响应，保护结构免于倒塌，如图2-2（b）所示。同时，阻尼器在吸收和消耗地震能量的过程中，自身则往往产生明显的变形、发热、损伤甚至破坏。阻尼器因而通过牺牲自己起到了保护主体结构的“保险丝”作用，我们只需要在地震后对受损的阻尼器进行更换，就可以继续发挥其对结构的保护作用。

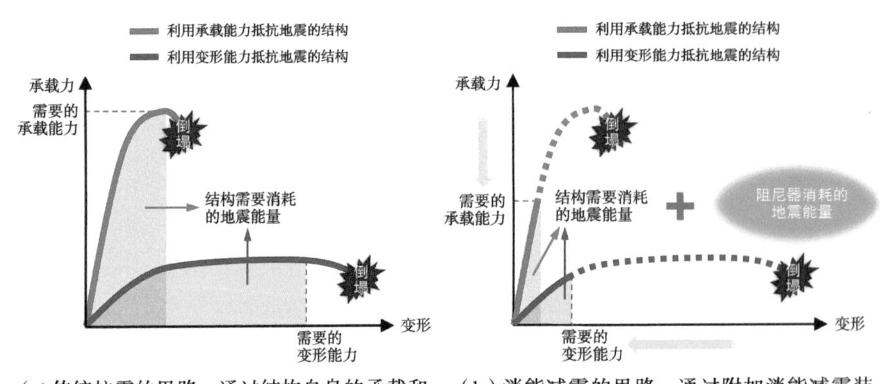

(a)传统抗震的思路：通过结构自身的承载和变形能力消耗地震能量

(b)消能减震的思路：通过附加消能减震装置来消耗地震能量

图2-2　传统抗震和消能减震的不同思路

2.2 消能减震技术如何发展到今天？

就像第1章引言中所介绍的那样，在地震频发的东亚各国，传统木构建筑之所以能够留存，得益于结构各构件、各部分之间在地震作用下产生相对位移，并通过摩擦消耗了地震能量。可以说在传统木构建筑的构造形式和建造技术中，就已经蕴含了消能减震的思想。而消能减震的概念被清晰明确地提出，则是在现代高层建筑盛行之后。

工业革命以来，城市的规模急剧扩大，在人员财富高度集中和生活水平不断提高的背景下，人们不仅需要高度更高、规模更大的建筑，而且对建筑在日常使用中的舒适性、突发灾害下的安全性、灾害发生后的可恢复性等多方面性能不断提出更高、更精细、更多样化的需求。1885年，第一栋现代意义上的高层建筑在美国芝加哥落成，高度约42m。一百多年以后的今天，仅深圳一地100m以上的超高层建筑就有340栋之多（图2-3）。随着建筑物的不断“长高”，其体型也不可避免地变得越来越“细长”，这样的建筑物在地震、风等造成的水平方向的力的作用下，将表现出越来越“柔”的特点。在地震作用下，越柔的结构在振动时的位移往往越大，结构因而更容易因为变形过大而倒塌。为了避免结构太柔，就必须要设计更粗大的构件，这一方面会增加建筑物的建造成本，另一方面也挤占了建筑的使用空间。与偶然发生的地震相比，风荷载长期持续地作用在结构上。虽然一般不会给结构造成倒塌的危险，但是对于很柔的超高层建筑而言，即使每个构件、每个楼层在风的作用下只发生极其微小的变形，结构整体的变形、加速度以及其他响应也会是相当显著的，而这些响应会给在建筑内部工作生活的人们带来不适感，引起人们常说的除“安全性”以外的“舒适性”问题。

（a）第一栋现代高层建筑　　（b）深圳市中心鳞次栉比的高层建筑

图2-3　飞速发展的现代高层建筑

结构的消能减震技术就是在这样的背景下应运而生的。1972年，位于纽约市金融区核心的世贸中心双子塔落成，作为当时世界上最高的建筑，高度超过400m的北塔和南塔上各安装了11000多个黏弹性阻尼器（图2-4）[5]。这些阻尼器通过吸收风荷载引起的振动能量，可以将楼层的振动控制到人们不易察觉的水平，从而避免风荷载对人们的舒适度产生不利影响。1982年，黏弹性阻尼器再次被应用到美国西雅图市的哥伦比亚中心大楼上[5]。该大楼是一栋高度达284m的超高层建筑，安装黏弹性阻尼器的目的同样是为了提升建筑在风荷载作用下的舒适度。黏弹性阻尼器是利用黏弹性材料的变形来消耗地震能量，

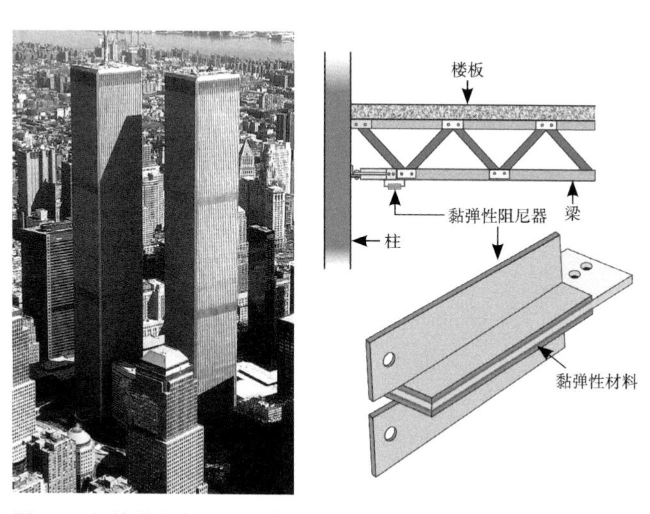

图2-4　纽约世贸中心双子塔及其消能减震装置——黏弹性阻尼器

在本书后面的内容中会有更详细的介绍。

金属阻尼器则是利用金属的变形和屈服来消耗地震能量，最早将金属阻尼器应用于结构消能减震的国家是新西兰。20世纪60年代末，在新西兰的朗伊蒂凯河（Rangitikei River）上修建了南郎伊蒂凯铁路桥（图2-5a），由于最高的桥墩高度达到72m，地震作用下又细又长的桥墩可能会发生较大的变形，桥墩的基础随之也将承受很大的弯矩。面对这一难题，工程师和学者们选择将桥墩在基础位置部分地切断。这样一来，桥墩的变形集中到了基础附近被切断的位置，桥墩其他位置的变形则显著地减小了。桥墩在地震时的运动接近于人在站立摇摆时的两条腿，不断地抬高又落下。在基础附近变形集中的位置，设置了金属阻尼器[6]。如图2-5（b）所示，桥墩变形时，一只腿的上部抬高离开基础，此时金属阻尼器受到一个向下的拉力，带动其中的柱状耗能部分发生扭转变形并屈服，消耗地震能量。这一开创性的消能减震策略中包含了这样的思想：通过对结构进行合理的“切断”和“削弱”，将变形和耗能控制在结构的某一特定位置。这一思想对此后消能减震结构的发展产生了深远的影响。

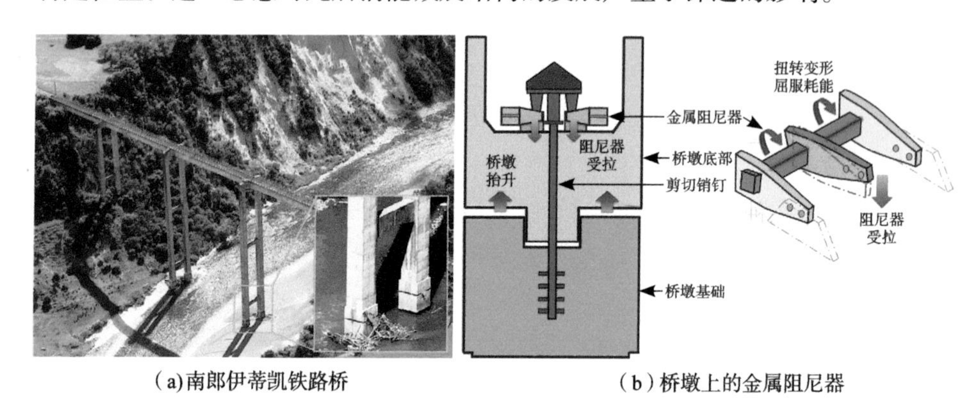

（a）南郎伊蒂凯铁路桥　　（b）桥墩上的金属阻尼器

图2-5　南郎伊蒂凯铁路桥上的消能减震装置——金属阻尼器

金属阻尼器在日本的早期工程应用则是与隔震技术相结合的。1986年，日本的建筑公司奥村组在筑波市建成了新的技术研究所。研究所的行政楼采用叠层橡胶支座实现了上部结构与下部基础的分离，在地震作用下，叠层橡胶支座发生剪切变形，而整个建筑物的变形将集中在叠层橡胶支座所在的隔震层。考虑到建筑的这一变形特点，同时为了防止较强地震作用下隔震层的变形过大，对橡胶支座和上部结构产生不利影响，在部分隔震支座的周围还安装了环状钢棒构成的金属阻尼器。在地震作用下，阻尼器中的钢棒随隔震支座一起产生变形，消耗地震能量（图2-6）[7]。

(a)奥村组技术研究所行政楼

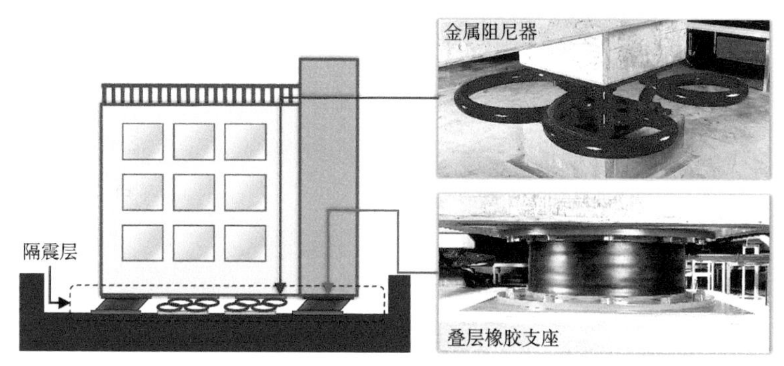

(b)大楼隔震示意图及其所采用的金属阻尼器与隔震支座

图2-6　奥村组技术研究所行政楼的隔震与消能减震装置

摩擦也是一种消耗能量的方式。在利用摩擦阻尼器实现结构消能减震方面，早期的代表性实例包括日本埼玉市1988年竣工的产业文化大厦，以及1989年在东京建成的朝日啤酒大厦。产业文化大厦为一栋高31层的钢框架结构，其中隔墙为填充混凝土的钢板。在地震的作用下，钢框架和墙板的变形模式有所区别，这就造成钢框架与墙板的连接处有相对滑动的变形趋势，利用这一点，摩擦阻尼器被安装在钢框架与墙板的连接处，以消耗地震能量。在高22层的朝日啤酒大厦中，摩擦阻尼器则安装在钢框架与钢支撑的连接处。这同样是因为钢框架与钢支撑在地震作用下的变形模式不同，所以其连接处在安装摩擦阻尼器后，在地震下能够产生明显的变形，以利于地震能量的消耗。图2-7给出了上述两种安装模式下阻尼器随结构发生变形的示意图。摩擦阻尼器在加拿大也有很多早期应用，根据PALL公司在1996年的统计，其开发的构造简单且使用灵活的PALL摩擦阻尼器已经被应用在13栋新建及加固改造的建筑中(图2-8)[8]。

以上我们考察了几种不同类型的阻尼器在结构消能减震中的早期应用。从这些早期的应用实例中我们可以看到，阻尼器基本上被应用在高层建筑中，这

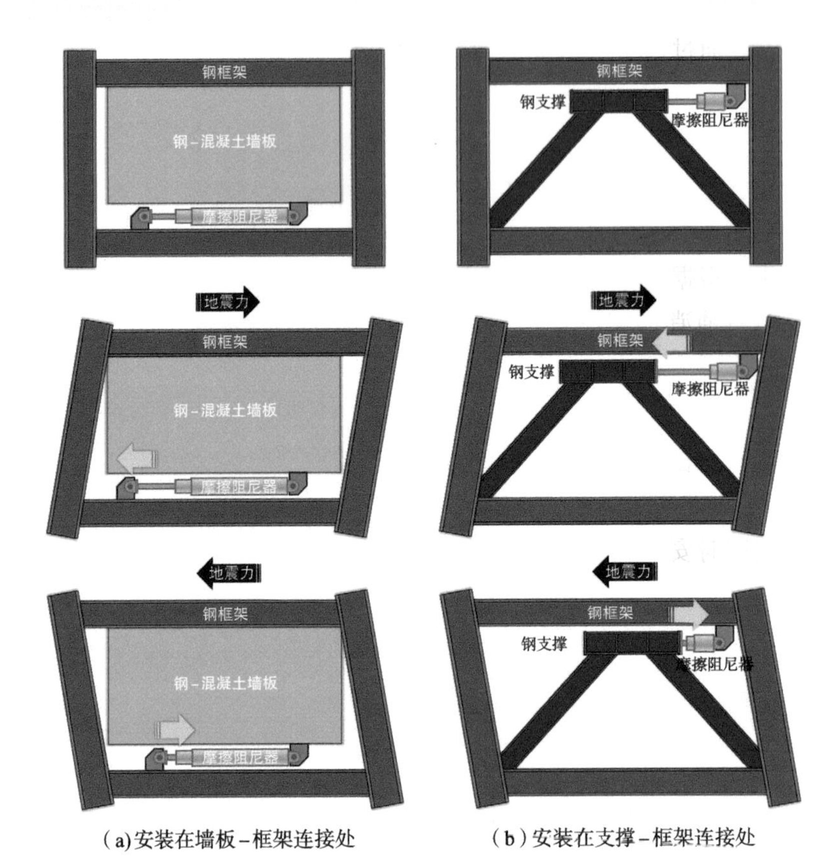

(a)安装在墙板-框架连接处　　(b)安装在支撑-框架连接处

图2-7　摩擦阻尼器随结构发生变形的示意图

图2-8　PALL摩擦阻尼器

说明随着结构高度的升高，传统的抗震思路逐渐难以满足建筑在安全性和舒适性方面不断提高的功能要求。而阻尼器通过有效地消耗地震能量来减轻结构本身的负担并提升了建筑整体的安全性和舒适性。在具体的工程实践中，这种有效耗能往往是通过创造性地利用或改变结构各个部分、各个构件的变形特征来实现的。

科学研究、工程实践和历次灾害的考验逐步验证了消能减震技术在提升建筑性能、降低灾害风险方面的可行性与有效性。在此背景下，消能减震技术在世界各国开始蓬勃发展，尤其在美国、日本等发达工业化国家率先出现了大量的工程应用。根据日本免震构造协会的统计，日本在1999年到2019年的20年间，采用了各种消能减震技术的“制震建筑”数量从300余栋稳步增加到1500栋以上。同时，采用了隔震技术的“免震建筑”的数量已经接近10万栋，而其中的大部分也在隔震层同时安装了各种阻尼器。

在我国，据住建部统计，截至2017年底，采用各种消能减震技术的减震建筑数量已达1430栋。同时，各种隔震建筑数量超过5700栋，其中的一部分也在隔震层同时安装了阻尼器。随着国内对减隔震技术推广力度的不断加强，减隔震建筑的数量还在快速增长。根据有关机构的测算，随着2021年国务院《建筑工程抗震管理条例》的颁布施行，位于地震重点监视防御地区，需要采用减隔震技术的教育、医疗及公共建筑的总建筑面积已超过2亿m^2，减隔震技术在中国拥有着非常广阔的发展前景。

2.3
“减震”“隔震”“减振”，傻傻分不清

我们已经在前文中提到了“减震”“隔震”的概念，此外，读者们或许还见到过“减振”这个词，那么，它们是一回事儿吗？

我们已经知道，消能减震技术的原理是通过阻尼器消耗地震能量，以减轻结构的地震响应，或者说减轻地震造成的结构振动。从这个意义上讲，“减震”可以理解为减轻地震的效应。因此，隔震也可以理解成一种减震技术。所不同的是，隔震技术将上部结构与基础的振动隔离，这完全改变了结构原有的振动模式，并可以在很大程度上减轻上部结构的地震响应。与之相比，消能减震技术一般不会完全改变结构的振动模式，而是利用结构的变形特点，或是局部地改变结构的变形特点，来实现阻尼器的消能效果，或者进一步放大这种效果。从本质上讲，消能减震技术减轻地震效应的关键还是在于以各种方式吸收和消耗地震能量。这样说来，“减震”和“隔震”还是有所不同的。

与消能减“震”相比，消能减“振”的说法则更加侧重于减轻结构或者其他对象的振动。显然，地震仅仅是造成这些振动的原因之一。就像2.2节中介绍的，与偶然发生的地震相比，风给建筑、桥梁等结构造成的振动是长期持续的。阻尼器最早的工程应用也包含了对超高层建筑结构风致振动的控制。显然，在考虑了风致振动等更为广泛的结构振动的情况下，“减振”比“减震”更具有概括性。

一般而言，多数消能减振技术对地震和风造成的振动均有效，而隔震技术对风致振动的控制效果往往是非常有限的。当然，这并不意味着针对地震和风所采用的阻尼器具有完全相同的形式和参数，而是需要考虑不同建筑的不同减振需求进行专门的设计。对于极少发生的大地震，消能减震的目的在于防止结构因响应过大而失去安全性。针对这一需求，从低层建筑到超高层建筑，采用消能减震技术都是有效的。对于发生概率更高的中等强度的地震，则可能需要通过消能减振技术在保证地震安全性的同时，改善建筑的舒适性等使用性能。由于风致振动影响的往往是高层建筑的使用性能，此时消能减振技术也只有在足够“柔”的高层和超高层结构中才能充分发挥效果，对中低层结构则不甚有效(图2-9)。这些针对不同减振需求的阻尼器将在后面的章节中分别加以详细介绍。

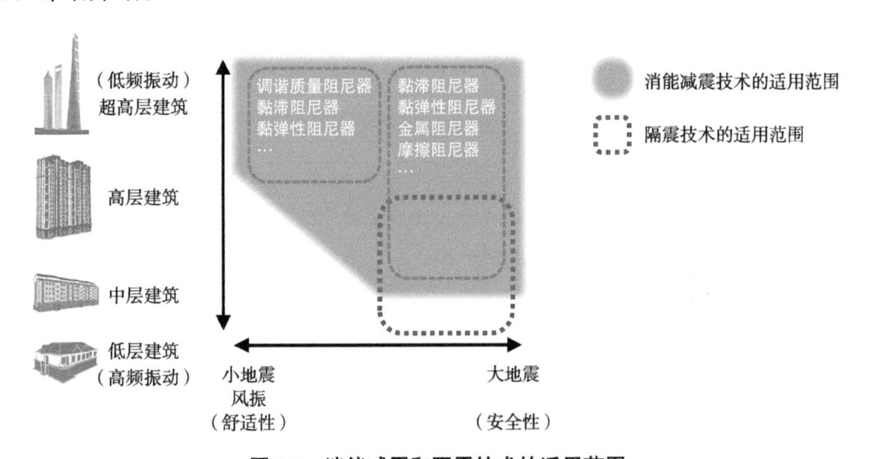

图2-9 消能减震和隔震技术的适用范围

当我们把视野进一步扩大就会发现，除了应对由地震和风所造成的结构振动，消能减振技术在现代机械工业中有着更早、更加广泛的应用。这是因为在现代社会这个无穷无尽的机械的世界里，振动可谓无处不在。随着对各种机械设备节能、降耗、轻量、高速的要求越来越严格，振动问题往往成为一个突出的瓶颈。因为振动造成机械臂定位精度降低，因为振动造成金属切削断面不够光滑，因为振动造成机械加工效率低下，因为振动造成车船飞机噪声超标，等等，这些难题实际上都需要通过各种减振技术加以解决。

以人们在生活中最常接触的自行车为例，其历史可以追溯到18世纪末（图2-10）。经过不断地改进，到1886年，当时的自行车已经采用钢管制作菱形车架，将实心的橡胶带固定在轮辋上作为车轮，采用链条传动，并已经安装了滚子轴承、前叉和车闸等部件。可以说，当时的自行车不仅具备了今天自行车的绝大部分功能，同时也具有了一定的安全性。然而，振动对其骑行舒适性的影响成了阻碍自行车普及的最大障碍，以至于当时的人们把自行车称作“骨骼振动机（Bone shaker）”。1888年，英国人邓洛普发明了最早的充气轮胎，不仅解决了此前各种材料的实心轮胎在骑行中普遍存在的振动问题，极大地提高了自行车的舒适性，同时也把自行车的骑行速度提升了很多。充气轮胎对自行车骑行振动问题的解决，基本奠定了现代自行车的雏形。今天，自行车已经成为世界上使用最多、最简单、最实用的交通工具，作为世界第一的自行车生产大国，我国到2019年为止出口到全世界的自行车数量超过10亿辆。

层出不穷的新技术还在使自行车变得更快、更轻、更安全舒适。其中，消能减振技术同样发挥着不可替代的作用。例如，今天的山地自行车上普遍安装的减震器就是一种典型的消能减振装置。减震器一般由回弹部件和消能部件组成，回弹部件可以是机械弹簧或空气弹簧（一种可以像弹簧一样回弹的气囊），

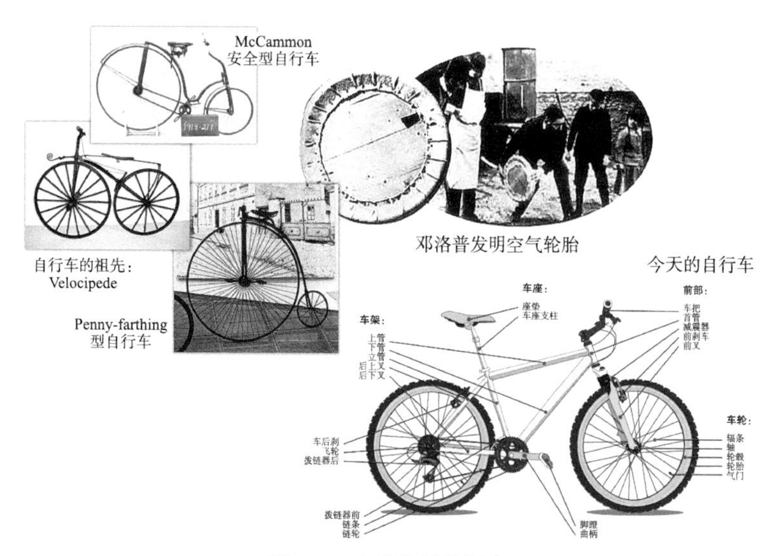

图2-10　自行车的发展史

消能部件则可以是专门的减震器或其他阻尼材料。减震器一般安装在自行车的前叉、后叉及座位下方，在凹凸路面骑行时，轮胎传来的振动和冲击由减震器加以缓冲和吸收，这样一来，传导到座位及车把的振动和冲击被明显减轻，人体的舒适度因而得到提高。

人们骑自行车的速度一般为4～5m/s，与之相比，神舟十二号载人飞船的返回舱在着陆开始时的初始速度接近200m/s。返回舱从100公里的高空逐渐减速并降落到地面的过程中，宇航员将承受巨大的冲击与振动。为了保护宇航员的生命安全并提高其在飞行过程中的舒适度，各国的载人飞船均在宇航员的座椅周围安装了大量的消能减振装置，以最大限度地减轻可能来自各个方向的冲击和振动（图2-11）。除了宇航员座椅，在宇宙飞船的其他位置，例如易于遭受撞击的太阳能电池板，反复受到冲击的空间站对接口等部位，均设置了各种消能减振装置以缓冲和减轻振动与冲击。

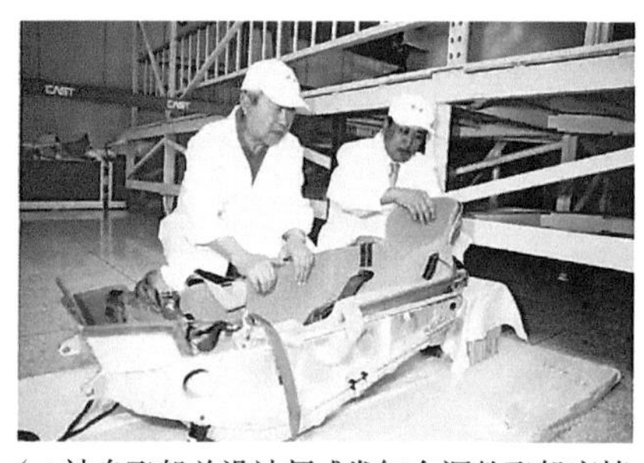

（a）神舟飞船总设计师戚发轫在调整飞船座椅

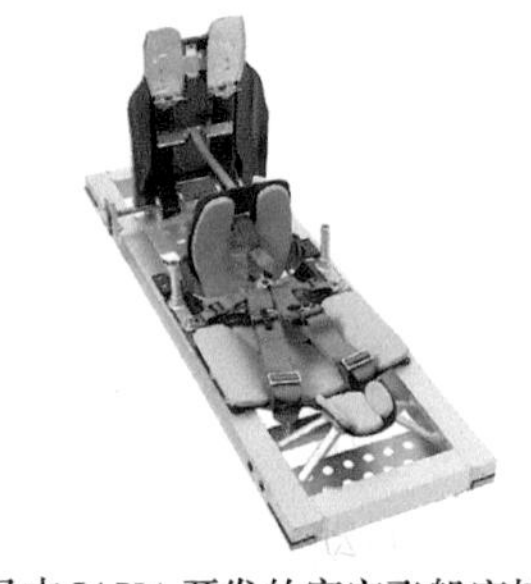

（b）日本JAXA开发的宇宙飞船座椅

图2-11　采用了消能减振技术的载人飞船宇航员座椅

小消的科学小讲堂：

看不见摸不着、消耗地震的阻尼到底是什么样的神奇存在？

Hi，我是小消。

为什么大风过后摇晃的树会慢慢停下？

为什么荡起的秋千在没人推时会越摆越小最后停止（图2-12）？

都是因为一种看不见摸不着、叫做阻尼的东西在起作用。

图2-12　秋千摆动

来吧，小消带你了解什么是阻尼，它是怎样在我们的生活中、地震中起作用的！

1.什么是阻尼

静止的结构，一旦从外界获得足够的能量（主要是动能），就要产生振动。在振动过程中，若再无外界能量输入，结构的能量将不断消失，形成振动衰减现象。阻尼（damping）的科学定义是指任何振动系统在振动中，由于外界作用（如流体阻力、摩擦力等）或系统本身固有的原因引起的振动幅度逐渐下降的特性，以及对该特性的量化表征。

在实际振动中，由于摩擦力或者外界阻力总是存在的，所以振动系统最初所获得的能量，在振动过程中因阻力不断对系统做负功，使得系统的能量不断减少，振动的强度逐渐减弱，振幅也就越来越小，以至于最后停止振动。像这样系统的力学能，由于摩擦及转化成内能逐渐减少，振幅随时间而减弱的振动，称为阻尼振动（图2-13）。

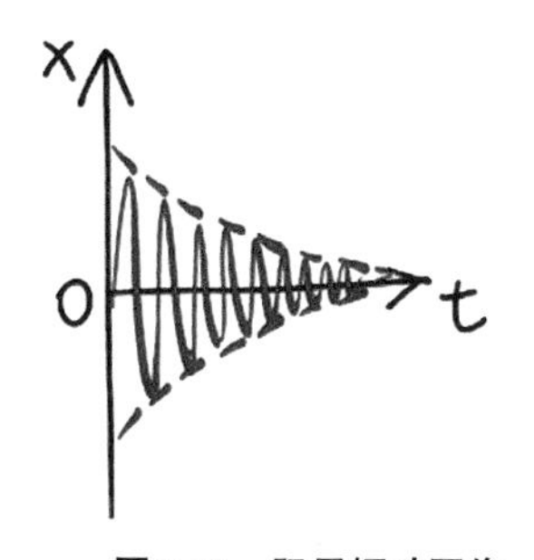

图2-13　阻尼振动图像

阻尼的物理意义体现为力的衰减，或物体在运动中的能量耗散。通俗地讲，就是阻止物体继续运动。当物体受到外力作用而振动时，会产生一种使外力衰减的反力，称为阻尼力（或减振力）。它和作用力的比被称为阻尼系数。通常阻尼力的方向总是和运动的速度方向相反。因此，材料的阻尼系数越大，意味着其减振效果或阻尼效果越好。

日常生活中阻尼现象随处可见。如一阵大风过后摇晃的树会慢慢停下，用手拨一下吉他的弦后声音会越来越小，荡起的秋千在没有继续施加外力做正功的情况下会越摆越小直至停止，等等（图2-14）。阻尼现象是自然界中最为普遍的现象之一。

图2-14　日常生活中的阻尼现象

2.阻尼的作用

利用阻尼控制系统的振动和冲击是一种有效的方法。在自由振动中（无外界能量输入），阻尼耗散系统的能量使振动幅值不断衰减；在受迫振动中（有外界能量输入），阻尼耗散激励力所做的功限制了系统的振幅，尤其是在共振时，系统的振动放大倍数取决于阻尼，阻尼越大，放大倍数越小（图2-15）。

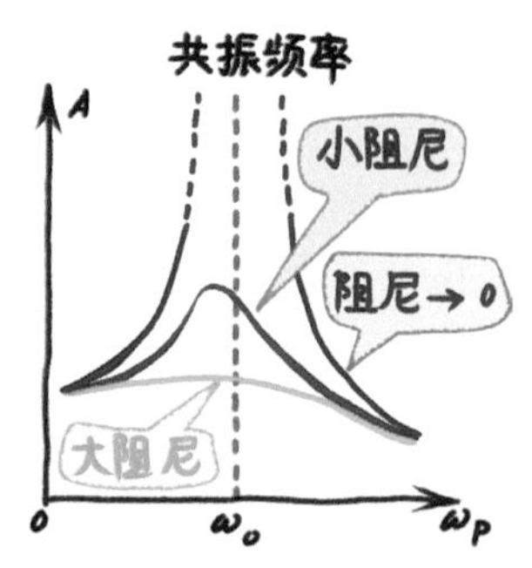

图2-15　阻尼作用示意

阻尼减振技术最初在航天、航空、军工、汽车、机械、设备等行业中应用广泛，20世纪70年代，人们开始逐步地把这些阻尼减振技术应用到建筑、桥梁、铁路等结构工程中。

在航空航天工程中，大功率推进装置以及飞行过程中剧烈的流体摩擦成为运载火箭、卫星、导弹等飞行器振动的主要激振源。这些激振源具有宽频带和随机的特性，势必引起结构的多共振峰响应，同时产生噪声，造成疲劳破坏。采用以黏弹性阻尼材料为基础的阻尼减振技术后，可有效降低这些振动的幅度。譬如，对火箭的仪器舱底板进行阻尼减振处理后，仪器舱的振动传递率（放大率）小于5倍，保证了舱内重要仪器设备的正常运行和寿命；对卫星的姿控电子元器件进行阻尼处理后，其共振放大倍数可由原来的30倍降低至10倍，保护了元件和仪器不损坏；对导弹和轰炸机的推进装置进行阻尼技术处理后，共振噪声大幅度降低，有效提高飞行器的“隐身”能力（图2-16）。

在汽车工业中，为了减轻车辆的在行驶过程中的振动和噪声，提升驾乘人员的舒适性，必须要采用性能良好的避震器和阻尼吸声材料。比如，在车身上装贴防振阻尼材料，吸收车身板材受发动机及路面不平顺激励力产生的振动能

图2-16　阻尼减振技术在航空航天工程中的应用

量，从而降低噪声向车内的传递；在汽车的悬挂系统上安装避震器，当通过崎岖路面时，用来抑制悬挂弹簧吸振后反弹时的震荡和吸收路面冲击的能量，最理想的状况是利用避震器来把弹簧的弹跳限制在一次。

在土木工程行业，建筑物在地震和强风作用下发生振动，而结构具有的阻尼性能对振动反应的剧烈程度以及结构在振动中的损伤程度都有重要的影响。1940年，美国的全长860m的塔柯姆大桥在建成后的4个月就因为风的涡激共振而倒塌（图2-17）；2020年5月，广东的虎门大桥发生异常抖动（图2-18），不少过往群众表示整个大桥像波浪一样"起起伏伏"地摇晃，引发热议；2021年5月，深圳赛格大厦发生晃动（图2-19），吓得大楼内的办公人员集体往大厦外撤离。这些事件中，结构物发生振动的外因都是由风的涡激效应产生共振导致，但晃动的剧烈程度又取决于结构的内因，也就是结构自身的阻尼比较小，从而导致结构物破坏倒塌，或是超出使用者的舒适性而造成恐慌。

既然阻尼是结构自身具有的动力特性，并对结构的振动产生重大的影响，那么我们是否可以人为地来提高结构物的阻尼性能呢？答案是肯定的。消能减震技术就是土木工程领域，尤其是在高层建筑和大跨度桥梁结构中，抑制结

图2-17　塔柯姆大桥倒塌

图2-18　虎门大桥抖动

图2-19　赛格大厦晃动

构物振动的一把利器，充当着抵抗地震灾害和强风灾害急先锋的角色。

阻尼是结构物损耗能量的能力，从减震的角度来说，就是将机械振动的能量转变成热能或其他可以损耗的能量，从而达到减少振动强度的目的。消能减震技术就是充分利用阻尼耗能的一般规律，从材料、工艺、设计等各项技术问题上发挥阻尼器在结构减震方面的潜力，以提高结构物的抗震安全性和抗振舒适性。总的来说，阻尼在工程结构中的作用可以归结为：

（1）阻尼有助于降低结构的共振振幅，从而避免结构因动应力达到极限而破坏，或者结构的加速度超过人体所能长期承受的阈值。在稳态振动时，结构的共振响应随结构阻尼的增大而减小，因此，增大阻尼是抑制结构共振响应的重要途径。

（2）阻尼有助于结构受到瞬态冲击后，很快恢复到稳定状态。结构受瞬态激励后产生自由振动时，要使振动水平迅速下降，必须提高结构的阻尼比。

（3）阻尼有助于减少因振动所产生的声辐射，降低机械噪声及对人体的损害。

（4）阻尼有助于降低结构传递振动的能力。在结构的隔震设计中，合理地运用阻尼技术，可以使隔震、减震效果显著提高。

3.阻尼的分类

阻尼虽然看不见摸不着，但它是客观存在的。目前，我们对阻尼的宏观表现已经有了不少的认识，但对于各种阻尼的微观机理研究还处在不断探索的阶段。从工程应用的角度讲，阻尼产生机理就是将广义振动的能量转换成可以耗损的能量，从而抑制振动、冲击和噪声。从物理现象及消能方式上区分，阻尼可以分为以下五大类。

（1）材料内阻尼

材料阻尼是材料本身所具有的基本属性之一，是阻尼的一种主要形式。宏观上连续的固体材料会在微观上因应力或往复应力的作用产生颗粒、分子或结晶之间的相对运动、塑性滑移等，从而产生阻尼并耗散能量。工程材料种类繁多，用于建筑结构中的主要材料有混凝土、金属材料（主要为钢材）、黏弹性高分子材料等。通常用损耗因子或阻尼比来表示材料的阻尼大小。影响材料内阻尼的因素主要有：材料分子组成、振动频率和环境温度。

钢筋混凝土材料是钢筋、砂、粗细骨料和水泥等组成的复杂材料，内部微观缺陷较多，如钢筋和水泥石、骨料和水泥石结合面处的微缝隙（图2-20）。这种材料的阻尼性能主要来源于颗粒缺陷处界面摩擦阻尼。目前普遍认为影响钢筋混凝土阻尼性能的主要因素有混凝土强度、骨料的粗细程度和纵向钢筋配筋率。

图2-20 钢筋混凝土材料

金属材料，特别是钢材在工程结构中应用广泛。金属材料在低应力状况下，主要由黏滞弹性产生阻尼，而在应力增大时，局部的塑性变形逐渐占据主导，出现迟滞效应，其间没有明显的分界（图2-21）。所以金属材料的阻尼在应力变化过程中不为常数，而在高应力或大振幅时呈现出较大的阻尼。所以，钢构件在小应变幅度下阻尼小，耗能能力比混凝土构件差，而进入大变形屈服后，其耗能能力又要比混凝土材料制成的构件强许多。

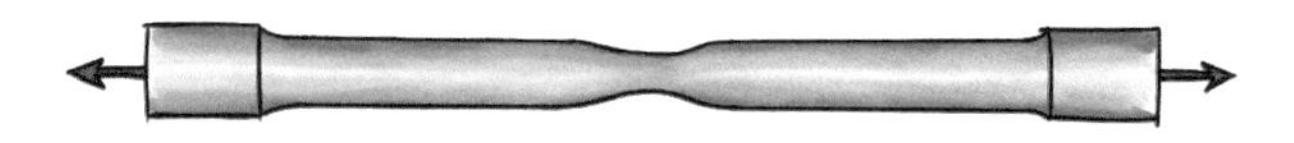

图2-21 低碳钢拉伸过程中，局部颈缩，塑性变形逐渐占据主导

工程材料中另一种正在日益崛起的重要材料是黏弹性材料，它属于高分子聚合物。从微观结构上看，这种材料依靠分子之间的化学键或物理键相互连接，当分子之间产生相对运动时，分子链会产生拉伸、扭曲等变形，当外力卸除后，变形的分子链要恢复原位，分子间的相对运动会部分复原，这就是黏弹性材料的弹性；还有一些分子链段间的滑移和扭转不能完全复原，产生永久性变形，这就是黏弹材料的黏性，这一部分功转变为热能并耗散，这就是黏弹性材料产生阻尼的原因（图2-22）。黏弹性材料是一种具有广阔应用前景的消能减震材料。

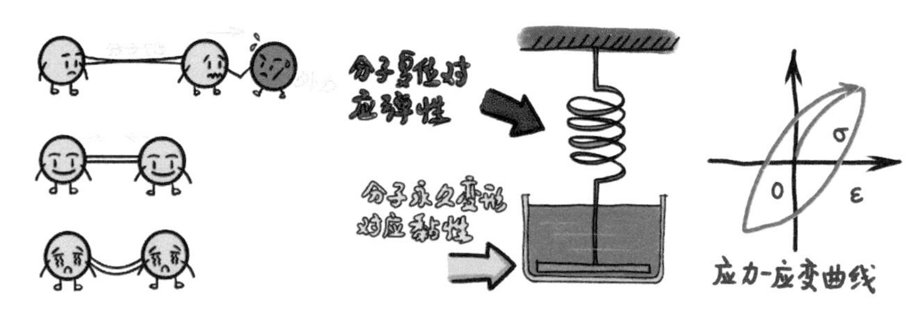

图2-22 黏弹性材料

(2) 结构形式阻尼

结构形式对阻尼也有影响。工程结构是由很多构件连接而成的整体，在构件之间的连接和交界面处存在着很多的缝隙，可以称之为结构的初始缺陷。当结构振动时，在这些缺陷处发生摩擦作用消耗能量，从而引起阻尼效应。结构阻尼从本质上属于接合面阻尼或者库仑摩擦阻尼的机理。我们前面介绍的木结构消能能力强，其阻尼形式主要来源于这种结构阻尼（图2-23）。

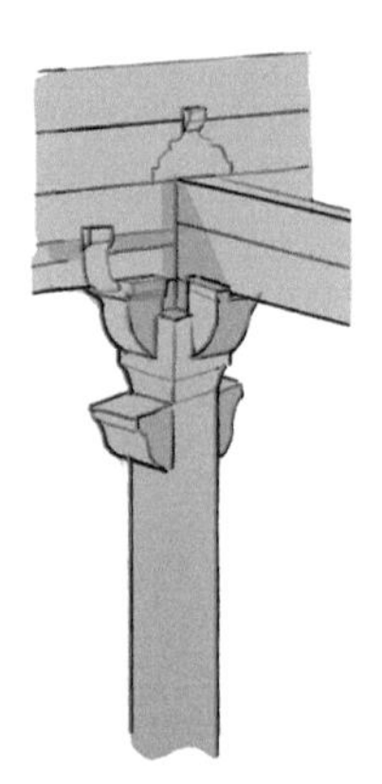

图2-23　木结构阻尼

结构阻尼是从结构的节点、构件、支座和附属结构等方面定义的。节点之间的相对位移，节点和构件之间的连接部分的相对位移，附属结构之间及其与主体结构之间的相对位移，都有可能产生摩擦而耗散能量。不过人们研究的大多是后两者产生的阻尼，比如说，用螺栓连接的钢结构比焊缝连接的钢结构阻尼比要大；装配式混凝土结构比现浇混凝土结构的耗能能力强；填充墙的相对数量越多时，结构的阻尼性能越强。总的来说，结构阻尼与结构的组成形式、结构的施工方法和结构变形的大小密切相关。

(3) 介质阻尼

介质主要分为固体、液体、气体三种。对工程结构而言，介质主要有水、空气、地基土等，由于介质对结构振动的作用而产生的能量耗散属于介质阻尼耗能。气动阻尼和基础阻尼是主要的介质阻尼，对于特殊的结构，如海洋平台，还受到水阻尼。通常认为对于工程结构，气动阻尼都比较小，可以忽略，不过，随着大型土木结构的发展，特别是高层结构和大跨结构的发展，由于其柔度比较大等原因，介质阻尼特别是气动阻尼对其影响更加明显。基础阻尼是结构在振动过程中通过基础将能量耗散产生的一种阻尼，考虑结构基础和地基的共同作用，结构将振动传到基础并在地基中扩散，从而将结构能量耗散。

大部分流体都具有黏滞性，在运动过程中会耗散能量，称之为黏滞阻尼，也是介质阻尼的一种，在消能减震技术中应用比较广泛。图2-24表示流体在管道中流动，如果流体不具有黏滞性，那么流体在管道中按同等速度运动；否则，流体各部分流动速度是不等的，多数情况下呈抛物面形。这样，流体内部的速度梯度、流体与管壁的相对速度，均会因流体具有黏滞性而产生阻尼耗能作用，黏性阻尼的阻力一般和速度成正比。为了增大黏性阻尼的耗能作用，制成具有小孔的阻尼器，当流体通过小孔时，形成涡流并损耗能量。黏滞损耗和涡流损耗共同组成了小孔阻尼器在往复运动中的能量损失。

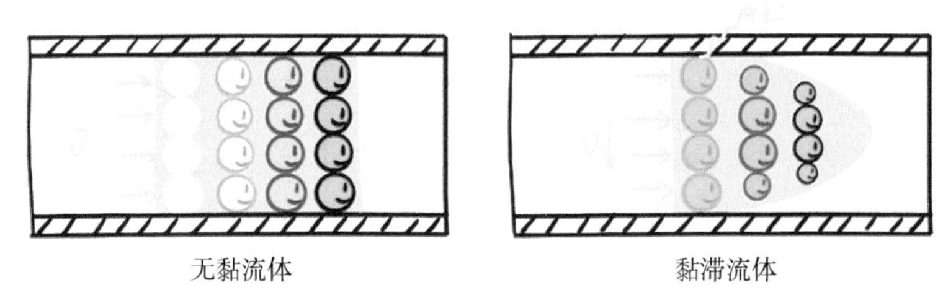

图2-24　流体在管道中流动

（4）冲击阻尼

冲击阻尼是利用两物体进行非弹性碰撞后经过动量交换而耗散能量，产生阻尼效应。通过在结构体（主系统）内部空腔放置一个冲击作用的冲击体，一般为刚性质量块或球体颗粒，或者在结构体表面附加一个带有冲击体的腔体，可实现冲击阻尼技术。当结构振动时，冲击体将进行冲击运动，与结构体反复碰撞将其振动能量耗散，达到减振的目的（图2-25）。该技术最早于20世纪30年代，Paget在研究蒸汽透片叶片减振问题时发现，后来在很多工程领域得到了成功应用，如飞行器、天线结构、印刷机滚筒、航天器管道、火箭发动机低温转子、斜拉索桥塔架以及关节机器人的振动控制等。

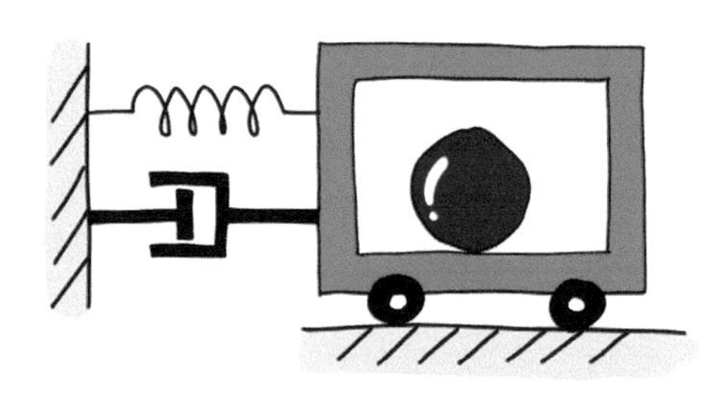

图2-25　单体冲击阻尼器动力学模型

（5）涡流阻尼

我们日常生活中可以观察到家用电表中的机械齿轮随着用电量的增加而转动，这实质上就是机械能与电能的转换器。机械能在转变为电能的过程中，由磁电效应会产生阻尼，称之为涡流阻尼。如图2-26所示，在磁极中间设置金属导磁片，一般为铜片，导磁片旋转时切割磁力线而形成涡流，涡流在磁场作用下又产生与运动相反的作用力以阻止运动，从而产生涡流阻尼。涡流阻尼的能量耗损由电磁的磁滞损失和涡流通过电阻的能量损失组成。

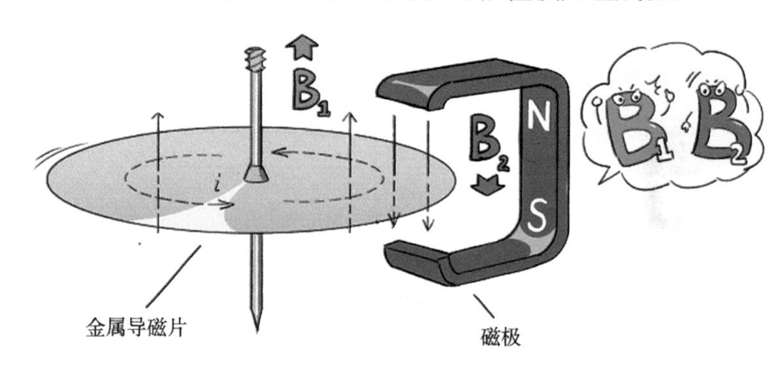

图2-26　涡流阻尼

第3章

抗震先锋的武器
——各种各样的阻尼器

Hi，我是小消。

结构消能减震这个抗震先锋能够大显神威，全靠它手中的武器——阻尼器。

这一章，让我们来认识那些形态各异的阻尼器。

在第2章的介绍中我们了解到，总体而言，合理设计的各类阻尼器在地震中都为结构提供附加的抵抗力，通过这些抵抗力做功，总体上帮助结构分担了所要消耗的地震能量，以达到减小结构响应、降低结构损伤、减轻地震损失的目的。然而，不同类型的阻尼器是通过不同的机理来实现这些功能的，它们发挥作用的过程也具有一些不同的特点。

我们可以从消能减震装置产生附加抵抗力和消耗地震能量的机理出发，将它们按照速度型阻尼器、位移型阻尼器、质量型阻尼器等进行归类。有些阻尼器产生的附加抵抗力与速度，也就是结构和阻尼器变形的快慢有关，可以被归为速度型阻尼器。另一些阻尼器提供的附加抵抗力则与位移，也就是结构和阻尼器变形的大小相关，可以被归为位移型阻尼器。还有一些阻尼器的附加抵抗力与变形速度和变形大小均有关，因此可以被归为速度-位移型阻尼器。除此之外，还有一类阻尼器的附加抵抗力来源于惯性，被称为质量型阻尼器。

下面我们将基于这些分类对几种典型的消能减震装置的机理和特征分别进行介绍。

3.1
变形越快越勇猛：速度型阻尼器

黏滞阻尼器

最典型的速度型阻尼器是黏滞阻尼器，它通过改变硅油或其他高分子黏性材料的运动状态来产生阻尼力并消耗地震能量，采用硅油的黏滞阻尼器也常被称为油阻尼器。图3-1所示为常见的筒式黏滞阻尼器的结构示意图。

硅油被封装在筒式的油缸中，当结构在地震作用下发生变形时，导杆反复受到拉伸和压缩的作用，带动活塞在油缸中运动。油缸被活塞分成两个部分，

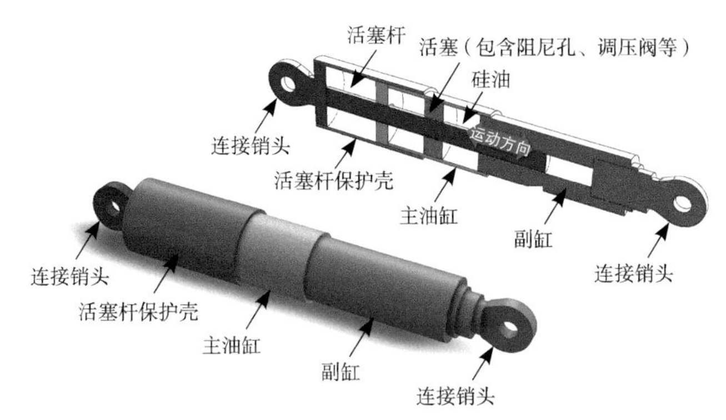

图3-1　筒式黏滞阻尼器结构示意图

活塞运动时，硅油通过活塞上的阻尼孔在油缸的两个部分间流动。由于阻尼孔使硅油的流动状态发生明显的变化，硅油在流动受到阻碍，这反过来对活塞的运动产生了阻力，形成了阻尼作用。阻尼孔中还可以进一步设计调压机构（调压阀），来调节阻尼作用的大小和阻尼器的耗能效果。

由于硅油等黏性液体的体积会随着温度的变化发生热胀冷缩的现象，而阻尼器在消耗地震能量的过程中就会产生相当的热量，所以一些黏滞阻尼器还会设置一个附属的调压油缸，以保证主油缸内的油压保持稳定。

这种筒式黏滞阻尼器的性能除了受到温度的影响之外，还与油缸的截面大小，活塞运动的长度（冲程），硅油的黏性、流量，以及调压阀的形状、构造等因素有关。

除了筒式的黏滞阻尼器外，也有图3-2所示的墙式黏滞阻尼器。其机理是将两片钢板制作成槽状的缸体，固定在楼层的底部，高度接近层高，在缸体内填装高分子黏滞液体。在两片钢板之间再设一片或多片钢板，并将其与楼层顶部固定连接。地震作用下结构发生变形时，楼层的顶部和底部会产生水平方向

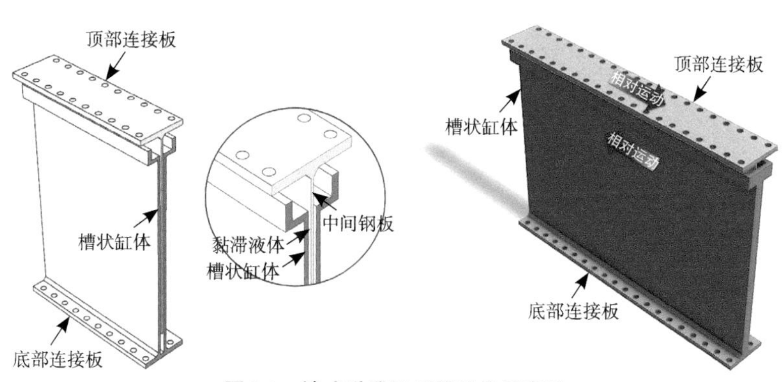

图3-2　墙式黏滞阻尼器结构示意图

的相对位移。相应地，中间的钢板也将相对两侧的钢板发生运动，并切割槽状缸体内的黏滞液体。黏滞液体对钢板的运动产生阻力，从而形成阻尼作用。墙式黏滞阻尼器的这种机理决定了黏滞液体与钢板接触的面积越大，中间钢板与两侧钢板的距离越短，产生的阻尼作用就越强。

黏滞阻尼器的阻尼力与阻尼器的变形速度成比例关系，这里的变形速度指的是筒式黏滞阻尼器活塞运动的速度，或墙式黏滞阻尼器钢板相对运动的速度。如图3-3所示，这种比例关系可以是简单的线性关系，也可能是比较复杂的非线性关系，这主要决定于黏滞材料改变形状及运动状态的方式，并可以通过调节阻尼孔、调压阀等机构加以实现。当阻尼力与速度线性相关时，图3-3中的斜率就是黏滞阻尼器的阻尼系数c_d。此时，阻尼力与阻尼器变形的关系，即阻尼力的滞回关系呈现出图3-3所示的椭圆形，而当阻尼力与速度的关系为非线性时，阻尼力的滞回关系就从椭圆形趋向于矩形。此时，在阻尼力最大值相等的前提下，由阻尼力-变形曲线所围合的面积，即阻尼力消耗的能量变得更大。

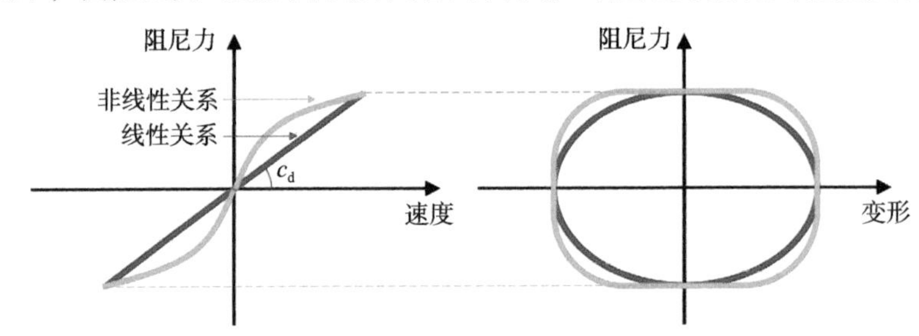

图3-3　黏滞阻尼器的阻尼力与速度和变形的关系

图3-4(a)给出了一个由试验得到的，筒式黏滞阻尼器的阻尼力随着阻尼器变形变化的滞回曲线。试验中阻尼器变形随时间的变化如图3-4(b)所示，

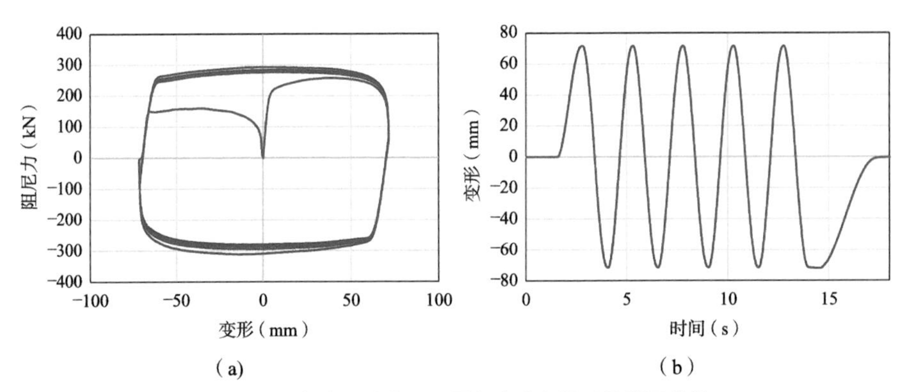

图3-4　一个筒式黏滞阻尼器在试验中得到的滞回曲线

表现为简单的谐波形式。图3-5则给出了数值模拟得到的，同一个筒式黏滞阻尼器在地震波作用下的滞回曲线，虽然地震作用下曲线中的滞回环大小不一，形状也略有区别，但其外轮廓仍基本上表现为与图3-4类似的形状。

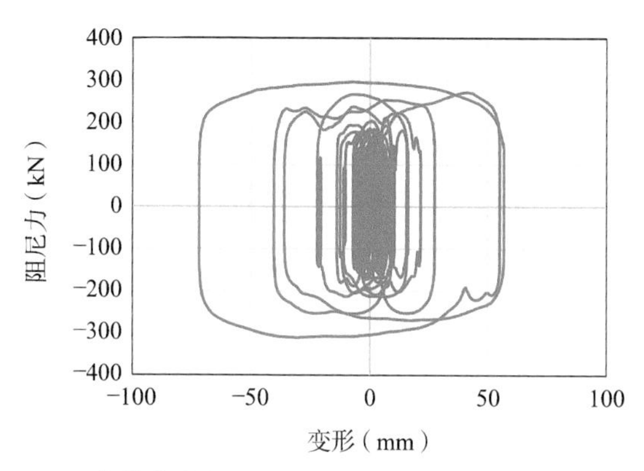

图3-5　一个筒式黏滞阻尼器在模拟地震作用下得到的滞回曲线

3.2
变形越大越有效：位移型阻尼器

1.金属阻尼器

金属阻尼器是一种典型的位移型阻尼器，主要通过金属屈服后产生的塑性变形和滞回行为消耗地震能量。

金属材料在外力作用下，当变形达到一定程度时将发生屈服，屈服后的金属在恢复力基本保持不变的情况下，可以产生很明显的塑性变形。之后随着外力的解除，恢复力随之降低，但大部分的塑性变形仍将以残余变形的形式存在。当作用力和变形的方向反复发生改变时，例如金属反复出现拉压变形，或方向相反的剪切变形等，则金属材料恢复力与变形的关系会表现出如图3-6所示的滞回行为。由于钢材具有非常良好的塑性变形和滞回性能，同时具有价格低廉，性能

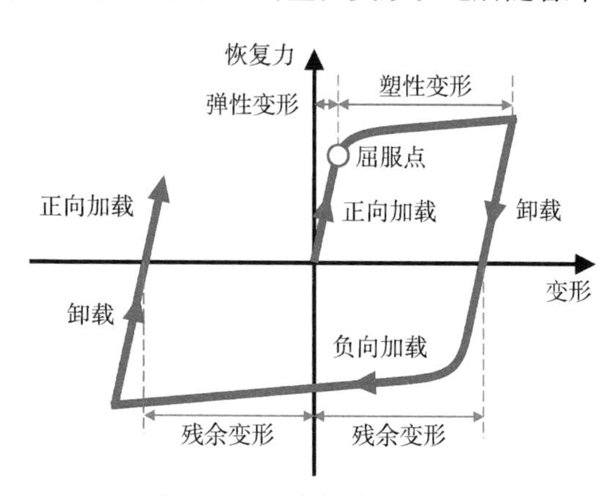

图3-6　金属材料的滞回行为

受温度影响小，且在很长的服役时间内能够保持性能稳定等优点，使钢材成为一种制作金属阻尼器的理想材料。

另外，结构在外力和变形达到一定程度时也会发生屈服，并伴随着损伤和残余变形等。为了尽可能地通过阻尼器减小结构的损伤和残余变形，就需要使金属阻尼器能够在结构的弹性阶段，在较小的外力和变形下率先发生屈服并开始耗能。因此，各种具有较低屈服点的钢材，即软钢，被陆续开发出来，并被应用于各种消能减震装置中。同时，在金属阻尼器的设计中，需要综合考虑阻尼器及结构各自的性能特点，以合理地确定阻尼器的形式、安装位置、参数取值等。

图3-7所示为一种常见的钢板型软钢阻尼器。这种钢板型软钢阻尼器可以通过钢支撑或者立柱的形式固定在结构的上下两个楼层之间，地震时结构的变形造成上下两个楼层出现水平方向的相对位移，使得钢板出现图3-7中所示的剪切变形。当钢板的变形很大时，可以观察到在一定的区域内出现了沿对角线方向的鼓出现象，这是钢板受到压力而产生的一种面外屈曲现象，会影响钢板的耗能能力。为了保证钢板发生屈服后具有相对稳定的耗能能力，一般可以通过加劲肋将钢板细分成多个区域。这样类似的塑性变形状态就可以同时出现在不同的区域内，并在整个钢板内更加均匀地分布，防止因为变形、屈曲等集中在某个局部而造成钢板过早地失去耗能能力。

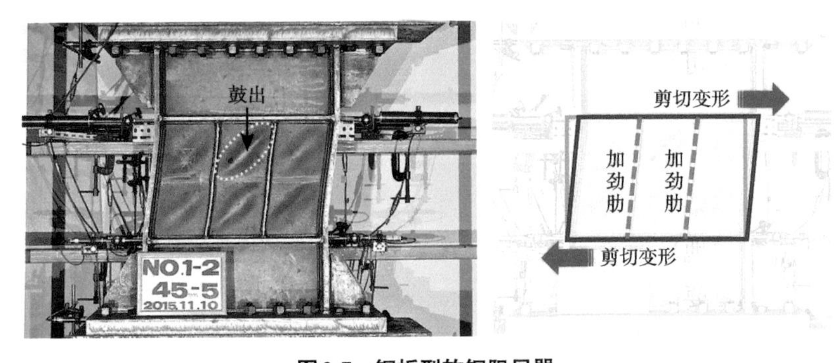

图3-7　钢板型软钢阻尼器

上述钢板型软钢阻尼器主要利用了钢板的剪切变形，除此以外，典型的利用软钢剪切变形的金属阻尼器还有图3-8所示的X形钢板阻尼器。这种阻尼器通过在钢板的上下支座之间设置“细腰状”的钢板，使上下支座在地震下发生相对位移时，阻尼器整体上产生剪切变形，而钢板的屈服和塑性变形将集中在细腰处。通过对塑性变形位置及状态的控制实现阻尼器比较稳定的变形性能和耗能能力。

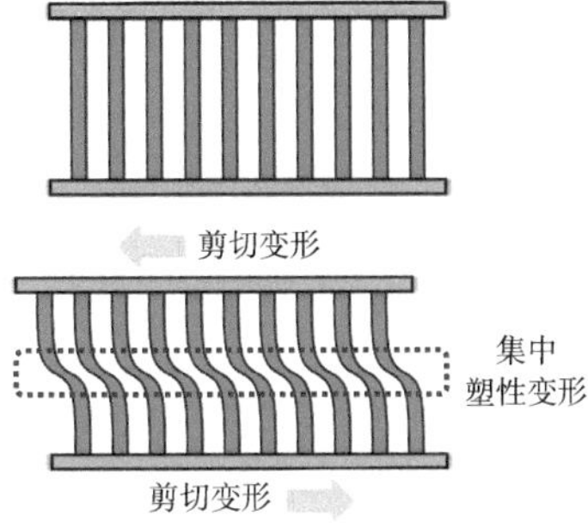

图3-8　X形钢板阻尼器

除了利用钢材的剪切变形以外，图3-9所示的U形软钢阻尼器是一种利用钢材弯曲变形实现耗能的阻尼器。U形阻尼器的材料可以是软钢也可以是普通的建筑用钢材。U形阻尼器一般被安装在隔震层，其上端和下端分别通过钢板与隔震层的上部结构和下部基础相连。通过之前的介绍我们大致了解到，隔震结构在地震下的变形集中在隔震层，此时U形阻尼器的上端和下端之间将产生很大的相对位移，钢材随之发生弯曲变形，屈服并消耗地震能量。U形阻尼器的优势包括：首先，无论地震的大小如何，其滞回行为能够基本保持一致，耗能能力较高而且比较稳定；其次，隔震层在地震下的变形可能发生在平面内的任何方向，而U形阻尼器在不同方向的滞回行为变化不大，使得它的设计和应用更加简便可靠；另外，U形阻尼器构造简单且具有很强的灵活性，它可以包围在隔震支座的周围，和隔震支座一起使用，也可以离开隔震支座单独使用，还可以通过改变钢材的形状和数量来便利地调整阻尼器的性能以适应各种具体情况；最后，阻尼器在地震发生后也会出现钢材的损伤、断裂等情况，此时，可以方便地更换出现问题的钢材，从而实现对阻尼器的快速修复。

还有一类重要的金属阻尼器是屈曲约束支撑，它是一种利用钢材轴向拉压

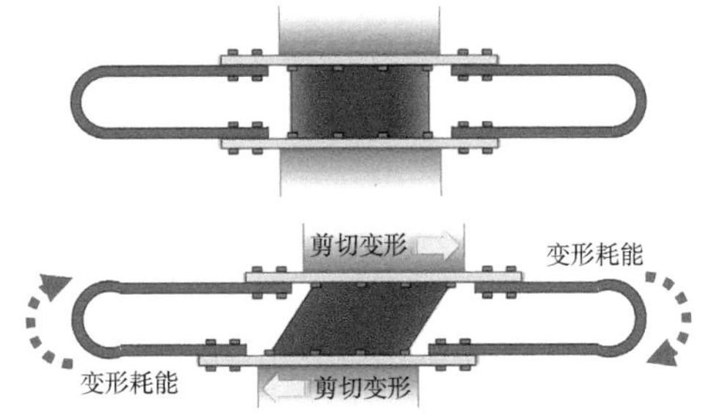

图3-9　U形软钢阻尼器

变形实现耗能的阻尼器。钢材制成的支撑杆件在受拉时可以表现出较好的塑性变形能力，而在受压时却容易出现屈曲，导致杆件在整体的承载能力和塑性变形能力无法充分发挥的情况下即发生破坏。这将导致杆件在反复的拉压变形下无法出现图3-6所示的饱满的滞回行为，金属阻尼器也就无法充分地发挥阻尼器的耗能能力。为解决钢杆件受压屈曲的问题，可以在钢杆周围包裹钢管混凝土，或填充有砂浆等材料的约束钢管和约束钢板，来约束钢杆的屈曲，以实现其在拉压变形下充分的滞回耗能。因此，这类金属阻尼器称为屈曲约束支撑。由上述耗能原理，可以知道屈曲约束支撑主要由耗能的内核构件和包裹在外侧的约束构件构成（图3-10）。为了确保内核构件在不发生屈曲的同时又能在轴向上自由地变形，防止内核构件承受的轴力由于摩擦等原因被传递到约束构件上，往往还需要在内核构件和约束构件的接触面上设置无粘结层。而为了使内核构件能够在较小的变形下先于结构发生屈服和耗能，内核构件一般采用软钢。

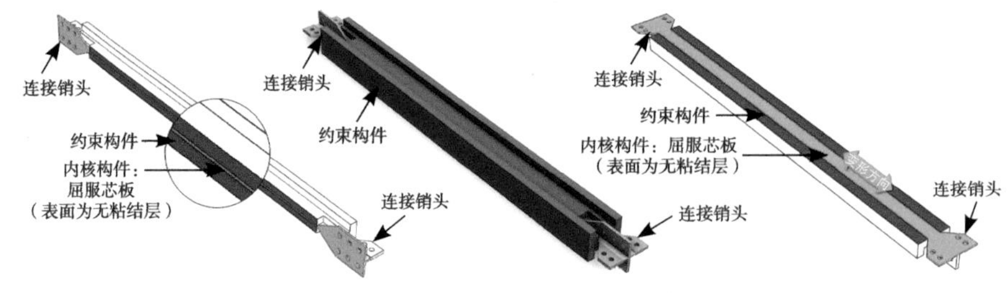

图3-10　屈曲约束支撑的结构示意图

另一种被用于制作金属阻尼器的材料是铅。从微观的角度来看，金属的塑性变形表现为内部结晶构造的形态变化。对于钢材而言，塑性变形一旦产生就无法完全恢复，由此产生的残余变形在微观上则表现为结晶构造形态的改变，并伴随着残余应力的出现，而残余应力普遍被认为是造成钢材疲劳破坏的原因。一旦钢材在地震下发生疲劳破坏，金属阻尼器的承载能力和耗能能力将远低于设计时的期望水平。而金属铅在塑性变形条件下具有显著的动态回复和再结晶性能，这使得铅即使出现塑性变形和残余变形，理论上也不会产生残余应力，所以采用铅制作的金属阻尼器从根本上解决了疲劳破坏的问题。同时，铅和钢材一样具有良好的塑性变形能力，且比钢材更容易屈服，因而铅阻尼器在较小的地震作用下即可发挥耗能作用。

图3-11所示为一种早期的挤压型铅阻尼器，结构在地震作用下发生变形时，带动活塞在缸体内运动。缸体内的铅因而受到位于缸体内壁或活塞杆表面的突起部的挤压而产生塑性变形，进而形成对活塞运动的抵抗力和阻尼耗能作

用。另一种剪切型铅阻尼器如图3-12所示，圆柱形铅芯被钢管包裹，形成阻尼器主要的耗能部分。钢管的上下两端与连接板相连，并通过连接环加固其连接部位。钢管的中部在厚度上进行了适当的削弱处理，以确保钢管和铅芯的变形在中部比较均匀地分布。

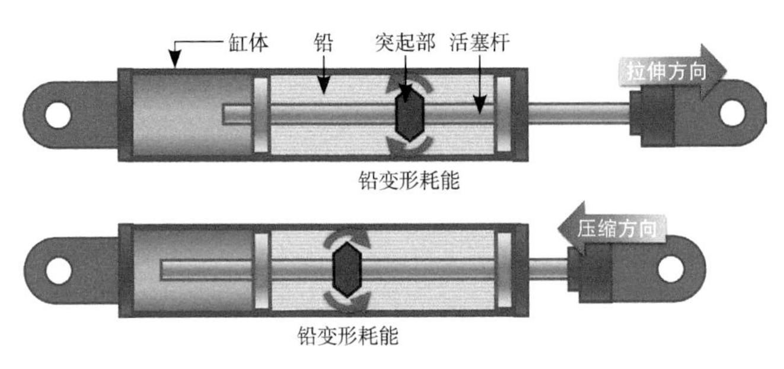

图3-11　挤压型铅阻尼器

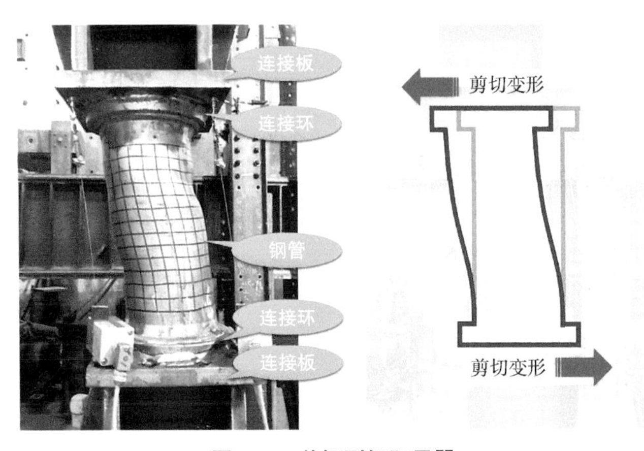

图3-12　剪切型铅阻尼器

2.摩擦阻尼器

摩擦阻尼器是另一种典型的位移型阻尼器，它利用两个接触物体相对位移时在接触面上产生的摩擦力作为阻尼力以消耗地震能量。摩擦力产生的机理是比较复杂的，但是摩擦力的大小可以大致通过经验的库仑公式加以描述。

$$F=\mu \times N \tag{3-1}$$

其中F为摩擦力，μ为摩擦系数，N为接触面上的压力。由式(3-1)可知，可以通过改变摩擦系数μ的大小来控制摩擦力，这主要通过合理选择接触面两侧的摩擦材料来实现。同时，为了使阻尼器产生的摩擦力与设计值一致，还必须在阻尼器长期服役的过程中可靠地控制压力N的变化，防止压力因弹簧松弛、材料老化等原因出现超过允许范围的变化。

在摩擦系数μ和压力N均恒定的情况下，摩擦阻尼器典型的滞回关系如图3-13所示。当摩擦阻尼器的承载力从0增长至临界摩擦力F时，两个接触物体开始在接触面上产生相对滑动，阻尼器产生变形。此时滞回曲线上会出现一个明显的拐点。在拐点之前，摩擦阻尼器表现出很大的初始刚度，也就是说阻尼器可以在很小的变形下达到临界摩擦力并开始滑动。同时，经过拐点后滞回曲线基本是水平的，这说明摩擦阻尼器在开始滑动后，摩擦力基本保持恒定。

一种应用广泛的摩擦阻尼器是图3-14所示的PALL摩擦阻尼器。摩擦阻尼器由条形的钢板通过螺栓连接构成，并通过四根支撑与结构的梁柱节点相连。结构在地震下发生变形时，梁柱节点间的距离发生变化，四根支撑牵引着摩擦阻尼器产生变形，钢板围绕螺栓转动，在连接处发生相互摩擦从而消耗地震能量。

另一种摩擦阻尼器产品是图3-15所示的环状摩擦阻尼器。该阻尼器将芯棒嵌入圆环状的摩擦片中，通过调整芯棒直径与圆环内径的关系，使圆环摩擦片对芯棒产生一定的箍紧作用，从而在两者的接触面上形成一定的压力。结构在地震下发生变形时，阻尼器的外筒和内筒分别带动芯棒和圆环摩擦片发生相对运动，并通过芯棒与圆环摩擦片间的摩擦作用消耗地震能量。

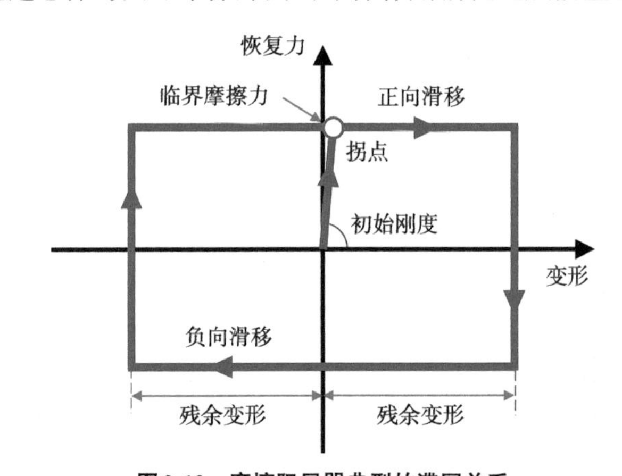

图3-13 摩擦阻尼器典型的滞回关系

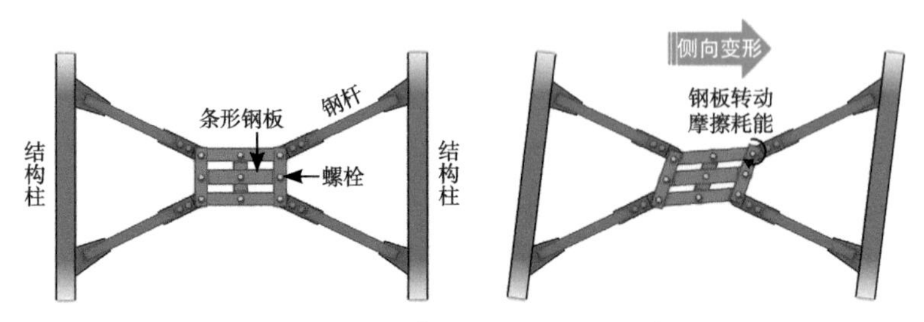

图3-14 PALL摩擦阻尼器的原理示意图

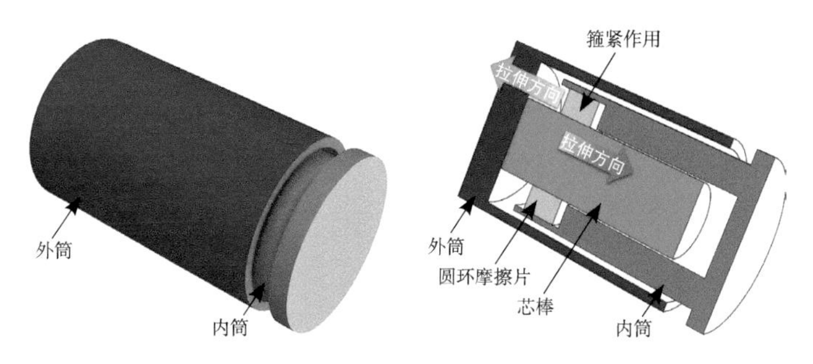

图3-15　环状摩擦阻尼器的结构示意图

3.3
快慢大小皆相关：速度－位移型阻尼器

黏弹性阻尼器

黏弹性阻尼器是一种典型的速度－位移型阻尼器，其阻尼作用来源于高分子黏弹性材料的变形。图3-16所示为典型的黏弹性阻尼器构造，片状的黏弹性材料被钢板像三明治一样夹在中间。黏弹性材料两侧的钢板分别固定在结构的不同位置，例如楼层的顶部和底部。结构在地震下发生变形时，两侧的钢板发生相对运动，使黏弹性材料产生变形并抵抗钢板的相对运动。与黏滞阻尼器不同，这种抵抗作用除了阻尼力外还包含一个弹性的恢复力。

可供利用的高分子黏弹性材料包括橡胶类、柏油类和丙烯类材料。黏弹性阻尼器的性能能够通过改变上述片状黏弹性材料的面积和厚度来进行调节，用比较少的材料就能获得可观的阻尼力。同时，片状的黏弹性材料也便于加工。因此，黏弹性阻尼器根据结构的具体条件和实际需要被开发成各种不同的形状，并得到了广泛的应用。

由于黏弹性阻尼器在发挥阻尼作用的同时还提供一个弹性的恢复力，因此

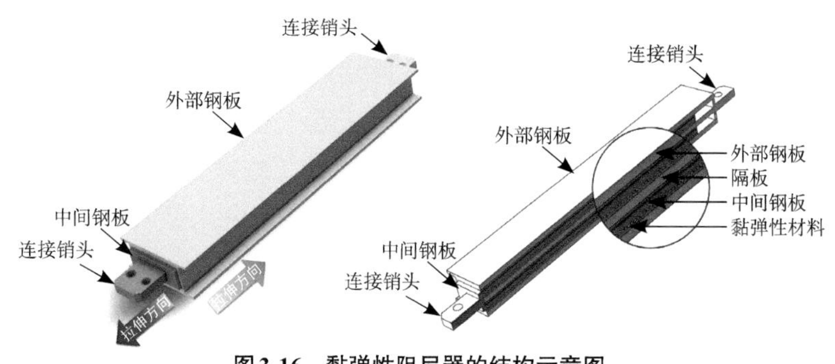

图3-16　黏弹性阻尼器的结构示意图

其阻尼力–变形关系表现为图3-17所示的倾斜的椭圆形。它可以被近似地视为一个弹簧的恢复力–变形关系和一个黏滞阻尼器的椭圆形滞回关系的叠加。因此这个等效的弹簧刚度k_d和等效的阻尼系数c_d就成了描述黏弹性阻尼器阻尼力–变形关系的主要参数。

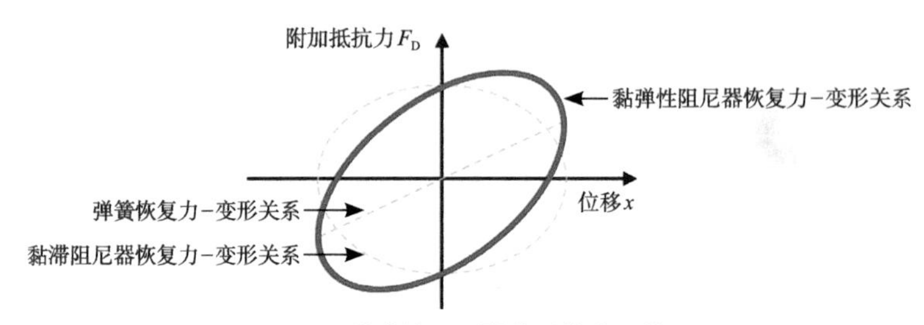

图3-17　黏弹性阻尼器典型的滞回关系

需要注意的是，和黏滞阻尼器类似，黏弹性阻尼器的性能同样受到温度的影响。同时，结构地震响应的振动幅值的大小、振动频率的高低，都会在一定程度上影响黏弹性阻尼器的k_d和c_d等参数。另外，高分子黏弹性材料的性能还会随着服役的时间逐渐变化。

3.4
利用惯性更巧妙：质量阻尼器

1.调谐质量阻尼器

调谐质量阻尼器（Tuned Mass Damper，TMD）一般可以简化为一个附加在结构上的质量m_d，通过弹簧和阻尼单元（k_d和c_d）与结构的等效质点m相连。

我们在这里有必要把减“震”的概念拓展到减“振”，因为相比于地震，TMD在减轻风致振动中的应用要更早也更广泛。调谐质量阻尼器一般可以简单地理解为一个附加在结构上的质量，这个附加质量通过弹簧和阻尼单元与结构相连。为了充分发挥减振效果，调谐质量阻尼器一般需要设置在结构响应最大的地方，对于高层建筑而言，在地震或风的作用下往往是其顶层的响应最大。因此，这里的附加质量单元可以通过设置在结构顶部的大型质量块（例如混凝土块）实现，也可以利用楼顶水箱等建筑物中质量较大的设备和组件。连接附加质量与结构的弹簧单元可以通过满足变形能力和刚度需求的橡胶支座来实现（图3-18），也可以通过滑轨等其他机构来实现。通过调节附加质量和弹簧单元的刚度，可以改变附加质量振动的频率。另外，我们还知道摆的运动频率与其长度存在对应关系，因此也可以采用如图3-19所示的悬挂式的调谐质量阻尼器，通过摆线的长度来调节附加质量的运动频率。连接附加质量及结构的附加阻尼单元在实际中则可以采用黏滞阻尼器等各种消能减震装置来实现。

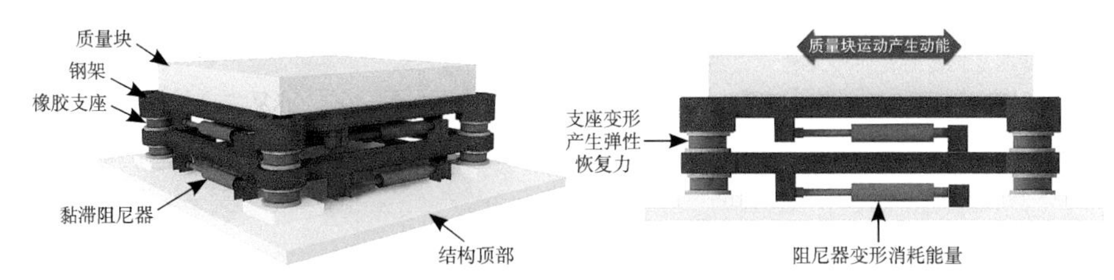

图3-18　采用橡胶支座作为弹簧单元的调谐质量阻尼器举例

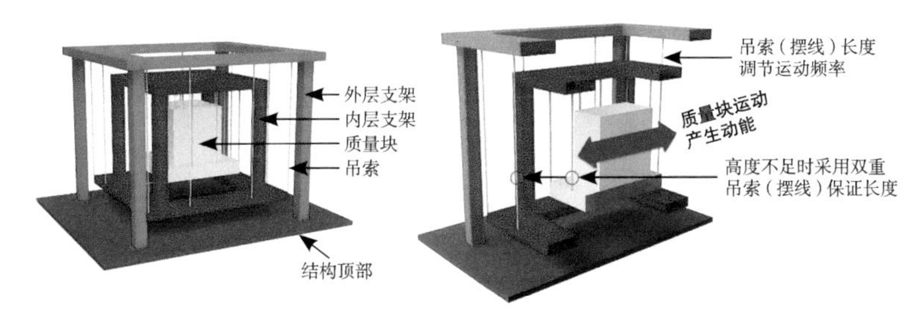

图3-19　基于摆原理的调谐质量阻尼器举例

通过对调谐质量阻尼器的附加质量、弹簧刚度和阻尼系数等参数进行合理地调节，可以使附加质量的惯性力始终对结构的振动起到抑制作用，并使附加质量的响应尽量增大。附加质量的响应越大，说明地震或风输入的能量越多地被用于附加质量的运动，而这些能量还能够在附加质量运动的过程中不断被黏滞阻尼器等消耗掉。这样一来，用于驱动结构响应的能量被调谐质量阻尼器所吸收和消耗，结构的响应就能相应地减小。因此，调谐质量阻尼器的减振作用可以理解为通过调节附加质量的运动状态尽可能地吸收结构的振动能量，再通过阻尼作用耗散这些能量，以达到消能减振的目的。

调谐质量阻尼器的附加质量占建筑物总质量的比例大多在0.3%上下。这意味着，一栋50层，高度接近200m，建筑面积达到80000m^{2}的建筑物，调谐质量阻尼器所需要的附加质量可能重达200t。因此，尽管附加质量的增加往往意味着阻尼器减振效果的进一步提高，但附加质量的取值受到实际工程中诸多因素的限制一般不可能取得很大。例如在图3-19中，当质量块较大时，为了能够发挥最优控制效果，基于摆原理的调谐质量阻尼器所需要的运动频率较小，因而摆长较长，受到了空间高度的限制。为了解决这一问题，采用了图3-19中所示的双重吊索系统，在有限的空间高度内实现了调谐质量阻尼器较小的运动频率。

附加质量的位移是调谐质量阻尼器另一个常见的限制参数，一般而言，一个更大的位移意味着更多的振动能量被附加质量吸收，并最终通过阻尼作用耗散。然而在实际工程中，附加质量可以达到的最大位移也往往受到建筑空间等种种条件的限制，需要在设计中加以合理考虑。

另外，调谐质量阻尼器的减振效果对于附加质量运动状态的变化是比较敏感的。尤其对于结构较轻微振动的控制，一旦附加质量的运动状态由于机械摩擦等因素与设计偏离，减振效果很可能无法达到期望的水平。因此，实现调谐质量阻尼器的机械系统的制作精度及其在长期服役过程中性能稳定性的维护需要特别关注。

调谐质量阻尼器是振动控制领域一个非常重要的分支，不仅在建筑、桥梁的抗风抗震，而且在机械减振降噪等领域都有着非常广泛的应用。附加质量与各种不同形式的弹簧单元和阻尼单元进行组合，可以派生出多种多样具有非凡减震性能的减震装置。以上仅从消能减震的角度对调谐质量阻尼器进行了一个初步的介绍。感兴趣的读者可以在本系列图书的另一本《神奇的能量转移与耗散——结构振动控制》中学习更多有关振动控制和调谐质量阻尼器的知识。

2.惯容阻尼器

尽管前述调谐质量阻尼器（TMD）已经在高层建筑及其他结构中得到了相当广泛的应用，其吸能减振的原理决定了TMD充分发挥作用所需的附加质量往往相当大。巨大的质量和体量增加了阻尼器的制作、安装及维护成本，限制了TMD在工程应用中的灵活性。

通过将传统质量阻尼器（例如TMD）的平动惯性力转化为转动惯性力，可以利用相对很小的物理质量获得成百上千倍的惯性质量。基于这样的思路，学者们提出了惯容（inerter）阻尼器。显著的惯性质量放大效应使惯容阻尼器相比传统TMD体量大大减小，可以被更加灵活地布置在结构层间、隔震层或其他必要的位置。

当然，作为质量阻尼器的一种，惯容阻尼器与传统TMD的相似之处在于其吸能特性。为了发挥惯容阻尼器的吸能特性，附加质量同样需要与弹簧单元和阻尼单元组合。随着弹簧的变形，惯容阻尼器中的附加质量同样能够产生与结构相区别的、可调节的振动。通过对附加质量m_{in}、弹簧刚度k_d和阻尼系数c_d进行合理调节，可以实现附加质量振动的最大化，从而增大阻尼单元的耗能，并最终实现对结构振动控制效果的优化。

图3-20所示为一种机械式惯容系统的实现原理，该惯容系统由丝杠和飞轮构成，飞轮的中心部设有孔道，孔道内壁的螺纹与丝杠表面的螺纹啮合，当丝杠沿轴向运动时，飞轮将绕丝杠发生转动。尽管飞轮和丝杠本身的质量并不大，但通过调节丝杠的螺距以及飞轮的转动惯量，可以使飞轮的转动惯性变得很大，这意味着要改变飞轮以及与之相连的丝杠的运动状态变得很困难。丝杠的运动是由地震下结构的变形引起的，这样一来，飞轮的转动为丝杠的运动以及结构的变形提供了一个很大的惯性抵抗力。这同时也相当于赋予了惯容系统一个远大于其自身物理质量m_d的附加质量m_{in}。

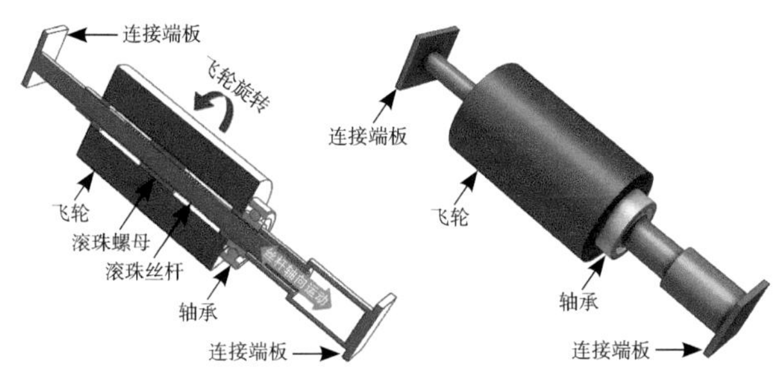

图3-20　一种机械式惯容系统的实现原理

惯容系统还可以利用齿轮、流体甚至电磁等多种原理来加以实现，这里不再赘述。而它们的本质都在于通过不同的手段给一个较小的物理质量赋予较大的惯性，从而为结构提供有效的惯性抵抗力，尽可能多地吸收而结构的振动能量，以达到降低结构响应的目的。

小消的科学小讲堂：

阻尼器如何成就抗震先锋：对消能减震的进一步理解

Hi，我是小消。

经过第2章和第3章的介绍，想必大家已经对消能减震有了一个初步的认识。

那么，阻尼器究竟是如何使消能减震技术成为抗震先锋的呢？它又是如何通过牺牲自己，来保护地震中的结构的呢？

现在，让我们来从物理学的不同角度更深入地了解它。

先来看看地震与结构的互动。结构在地震作用下的响应行为是一种非常复杂的现象，这不仅因为地震是一种偶然发生的大规模自然灾害，无论是地震的强度、持续时间还是地震波的特征，都具有难以预测的高度的随机性。同时也是因为各种结构千变万化的形式，以及构成结构的各个部分、各种构件及材料之间复杂的相互关系和性能上的不确定性。在采用消能减震技术的情况下，消能减震装置与结构在地震下的相互作用也是比较复杂的，但这并不妨碍我们从宏观概念上对消能减震的机理进行一些简单的阐释。

首先，我们需要对地震作用下的结构进行必要的简化，同时了解几个概念。在最简单的情况下，结构可以被简化为一个具有一定质量（m）的点。当结构的这个等效质点受到水平方向的外力的作用时，将会发生位移，同时产生一个抵抗力（图3-21a）。这种结构在外力作用下产生的，使结构恢复初始状态的力称为恢复力，可以用一个弹簧来模拟，并以弹簧的刚度（k）来反映恢复力随着位移变化的情况。这样一来，在水平方向施加一个初始的力的作用后，等效质点就会像秋千被推动那样产生往复的摆动（结构振动）（图3-22）。

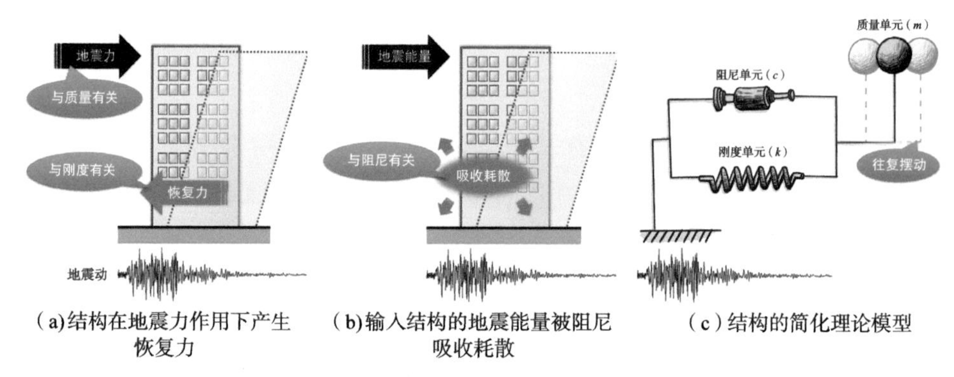

（a）结构在地震力作用下产生恢复力　（b）输入结构的地震能量被阻尼吸收耗散　（c）结构的简化理论模型

图3-21　地震下结构响应行为的简化

图3-22　简化的质点像秋千一样往复摆动

日常经验告诉我们，在缺少持续的外力驱动的情况下，无论是秋千的摆动还是其他物体的振动，都会逐渐衰减并趋于停止。这是因为在物体振动的过程中，即使没有任何来自外界的干扰，维持振动的动能和势能也总是不可避免地因为各种原因而被逐渐地转化和消耗掉。对于结构振动而言，这种振动能量消耗的原因可能来自于材料在弹性状态下微观尺度上的摩擦，也可能来自于材料在非弹性状态下的滞回行为。尽管这些耗能现象具有非常复杂的内在机理，在工程上，人们更倾向于概括地用“阻尼”来对此进行描述和评价（图3-21b）——我们在第2章的科学小讲堂里为大家更详细地介绍了阻尼这个看不见摸不着的神奇存在，感兴趣的读者可以进行进一步的了解。

因此，在前述由等效质点和弹簧构成的模拟结构振动的系统中，还应该进一步增加阻尼单元来反映现实中振动的衰减和振动能量的耗散现象。阻尼的大小则常常以阻尼系数（c）作为指标，而阻尼系数的值一般也会随着结构振动的大小而变化。

至此，我们构建了一个反映结构地震下响应行为的简单的理论模型（图3-21c）。尽管与本节开头所描述的结构地震响应的复杂性相比，这个理论模型未免显得过于粗略，但从接下来的叙述中我们将会看到，它已经能足够帮助我们理解结构消能减震的诸多基本概念。

1. 阻尼器能够为结构提供一个抵抗地震的力

我们现在来考虑上述简化的理论模型在地震作用下的行为。

地震造成了地面的运动，使得地面在各个方向上产生位移、速度和加速度。图3-23给出的是人们于1940年在美国加州南部El Centro的一场较强地震中记录的地面运动的加速度（$\ddot{x}_S$）随时间变化的情况。结构的等效质点在这样剧烈的地面运动下有保持原有运动状态的趋势，即具有惯性。和人站在突然向前发动的公交车中，会感觉被一个力向后推倒的道理一样，等效质点将受到与

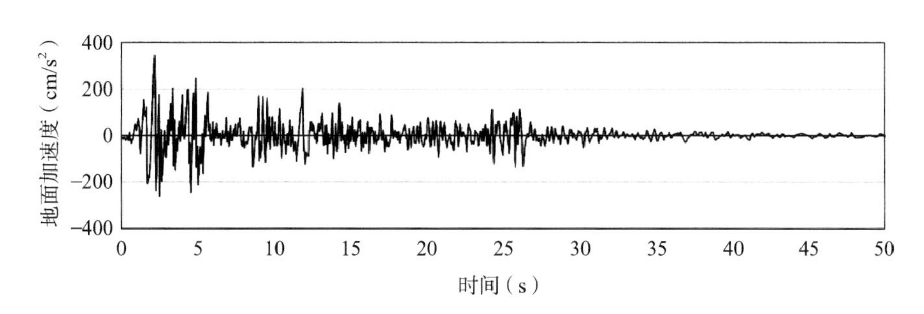

图3-23 El Centro地震中获得的一条地面加速度记录

其运动加速度方向相反的，使质点趋于维持原有状态的惯性力（F_I），根据牛顿关于力和加速度关系的定律，惯性力的大小等于等效质点相对地面运动的加速度$\ddot{x}$与其质量m的乘积（图3-24a）。显然，惯性力的大小和方向与地面加速度一样，都是随时间变化的。

当等效质点在地震作用下产生相对地面的位移时，弹簧将提供恢复力，这反映了结构在地震下出现位移和变形时，各个构件产生的使结构趋于恢复初始状态的抵抗作用。一般而言，这种抵抗作用是与结构的位移和变形相关的，因此在简化的理论模型中，弹簧提供的恢复力（F_K）可以表示为弹簧刚度k与质点相对地面运动的位移x的乘积（图3-24b）。显然，这种抵抗力的方向是与结构位移的方向是相反的。

另外，上面提到的阻尼作用也会给结构提供一个阻碍运动的力，称为阻尼力。它反映了结构中各种原因产生的阻尼在地震下逐渐消耗结构振动能量的作用。所不同的是，这种阻尼力一般是与结构位移的速度相关的，在简化的理论模型中，阻尼单元提供的阻尼力（F_C）相应地表示为阻尼系数c与质点相对地面运动的速度$\dot{x}$的乘积（图3-24c）。阻尼力的方向与结构速度的方向相反。

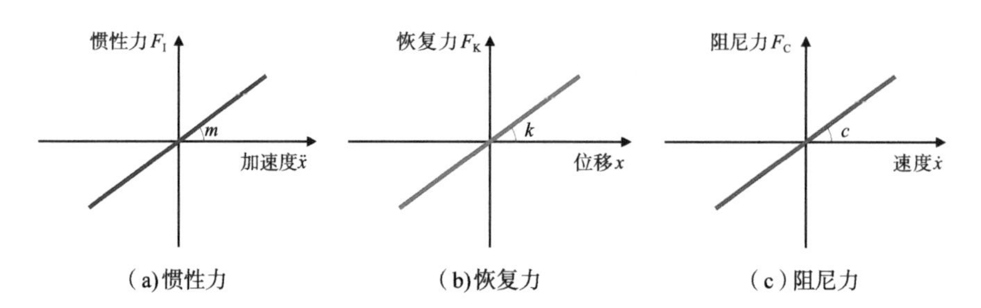

（a）惯性力　（b）恢复力　（c）阻尼力

图3-24　结构地震响应的几种抵抗力与响应大小的关系

以上所提到的惯性力F_I、恢复力F_K和阻尼力F_C虽然由不同的原因形成，且在结构地震响应的各个时刻表现出不同的变化规律，并可能指向不同的方向，但其共同点在于都对结构的地震响应起抵抗作用，都使结构趋于保持原有的运动状态或恢复到结构的初始状态。

与之相对的，是驱动结构产生地震响应，并使结构的运动状态趋于与地面运动一致的力，即地震力F_S。虽然上述等效质点与地面存在相对运动，但由等效质点、弹簧和阻尼单元构成的整个系统是完全按照地面加速度运动的，地震力的大小可以考虑为驱动整个系统按照地面加速度运动所需要的力，即可以表示为地面加速度$\ddot{x}_S$与整个系统的质量（即等效质点的质量）m的乘积。

上述三种抵抗力与地震力之间存在着力的平衡关系，即三种抵抗力的合力与地震力大小相等、方向相反。因此，对于图3-21（c）给出的结构的简化理论模型，当其在地震作用下发生振动的每一时刻，始终存在着由式（3-2）所规定的力平衡关系。图3-25给出了理论模型在图3-23所示的地震作用下产生的位移、速度和加速度响应随时间的变化情况。我们可以看到三种响应在时间上具有类似的分布，位移响应较大的时刻，速度和加速度响应也较大，反之亦然。假设理论模型的惯性力F_I、恢复力F_K和阻尼力F_C分别与响应的加速度、速度和位移具有图3-24所示的线性关系，作为一个例子，图3-26给出了响应的第3秒内三种抵抗力的合力（$F_I+F_K+F_C$）与地震力F_S随时间变化的情况，可以看出在任意时刻，抵抗力的合力与地震力均具有大小相等、方向相反的关系。

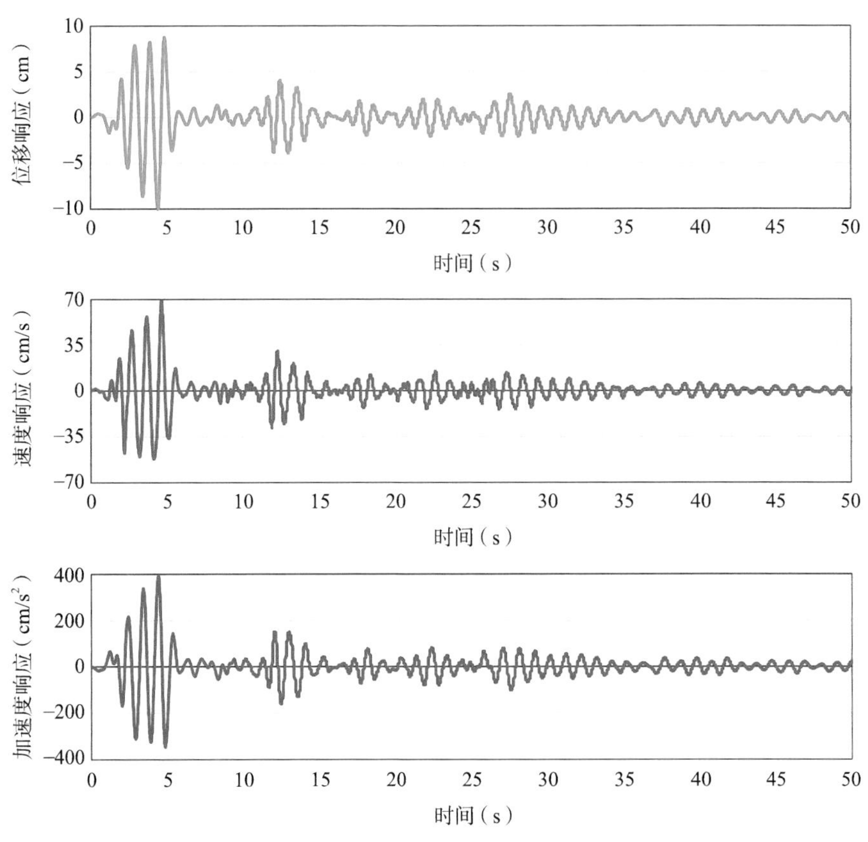

图3-25　理论模型在El Centro波作用下的响应

$$惯性力F_I+阻尼力F_C+恢复力F_K=-地震力F_S \quad (3\text{-}2)$$

假定结构附加各种消能减震装置，相当于在式（3-2）的左边增加了抵抗

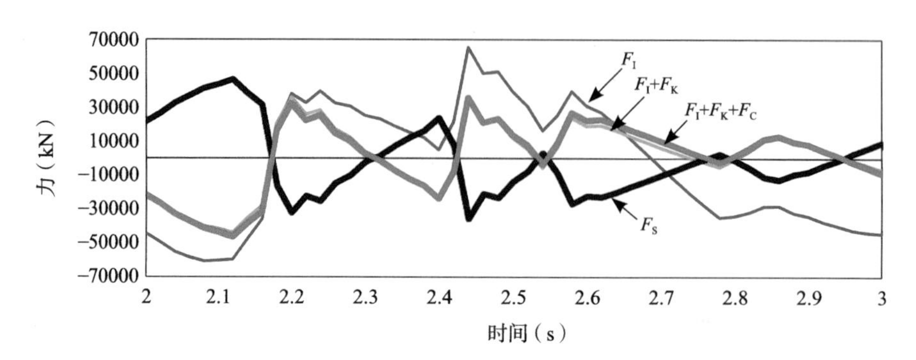

图3-26　抵抗力合力（$F_I+F_K+F_C$）与地震力F_S在任意时刻的平衡关系（以第2～3秒为例）

力。例如，附加黏滞阻尼器可以增大结构的抵抗力，由于这种附加的抵抗力与速度相关，实际上相当于为结构提供了一个附加的阻尼力F_{Cd}，而式（3-2）给出的力的平衡关系将变为：

$$\text{惯性力}F_I+\text{阻尼力}F_C+\text{附加阻尼力}F_{Cd}+\text{恢复力}F_K=-\text{地震力}F_S \quad (3\text{-}3)$$

相应地，附加黏滞阻尼器相当于在上述简化的理论模型中附加了一个阻尼单元（图3-27）。由黏滞阻尼器产生的附加抵抗力与结构速度和位移响应的典型关系如图3-28所示。图3-29给出了图3-23所示的地震作用下，结构的理论模型在附加黏滞阻尼器前后的位移响应对比，从中可以看出，附加黏滞阻尼器后结构的位移响应明显降低。同时，如图3-30所示，附加黏滞阻尼器后，地震力F_S的平衡对象变为结构自身抵抗力（$F_I+F_K+F_C$）与黏滞阻尼器提供的附加抵抗力F_{Cd}之和。

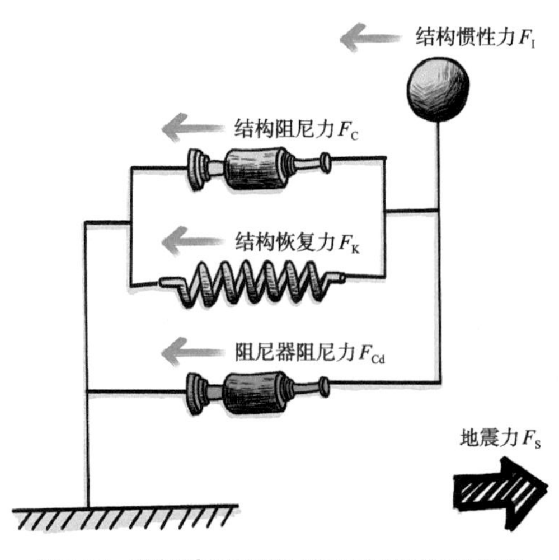

图3-27　附加黏滞阻尼器结构的简化理论模型

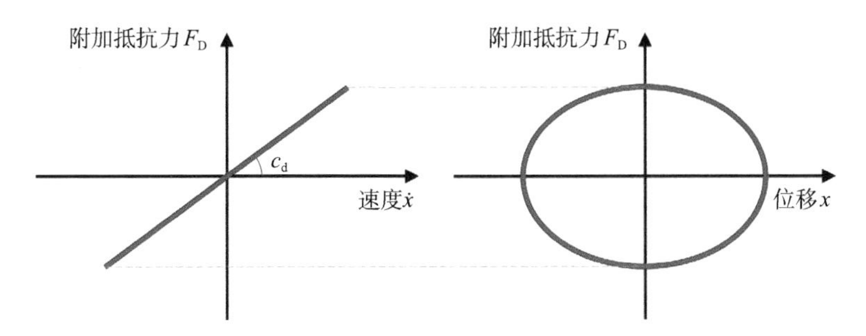

图3-28　黏滞阻尼器附加抵抗力与结构速度、位移的典型关系

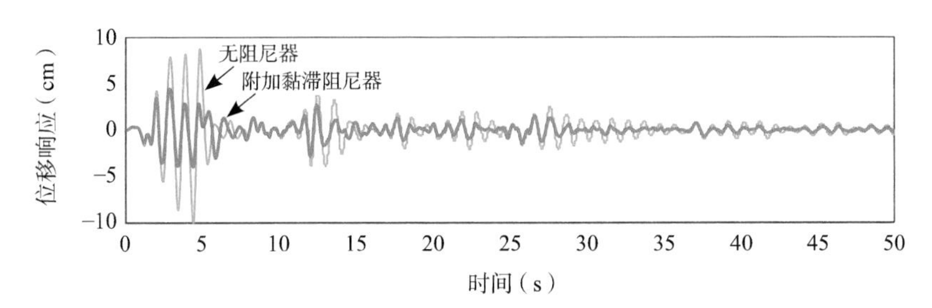

图3-29　附加黏滞阻尼器前后结构理论模型的位移响应对比

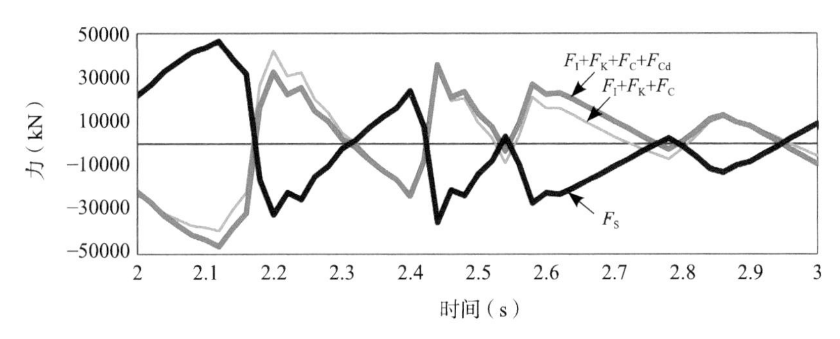

图3-30　附加黏滞阻尼器后抵抗力与地震力的平衡关系（以第2～3s为例）

附加金属阻尼器、摩擦阻尼器等位移型阻尼器，则相当于在式（3-2）的左边附加了恢复力F_{Kd}，力的平衡关系因而变为：

$$惯性力F_I+阻尼力F_C+恢复力F_K+附加恢复力F_{Kd}=-地震力F_S \quad (3\text{-}4)$$

同理，这相当于在理论模型中附加一个弹簧单元（图3-31a）。金属阻尼器及摩擦阻尼器的附加抵抗力与结构位移的典型关系如图3-31（b）和（c）所示。需要注意的是，位移型阻尼器的附加抵抗力与结构位移的关系往往是非线性的，也就是说，位移型阻尼器附加的恢复力F_{Kd}等于附加刚度k_d与结构位移的乘积，而附加刚度k_d本身还会随着结构位移的变化而变化，再加上当附加抵抗力降低到0时，金属阻尼器和摩擦阻尼器都存在明显的残余位移，这些位移

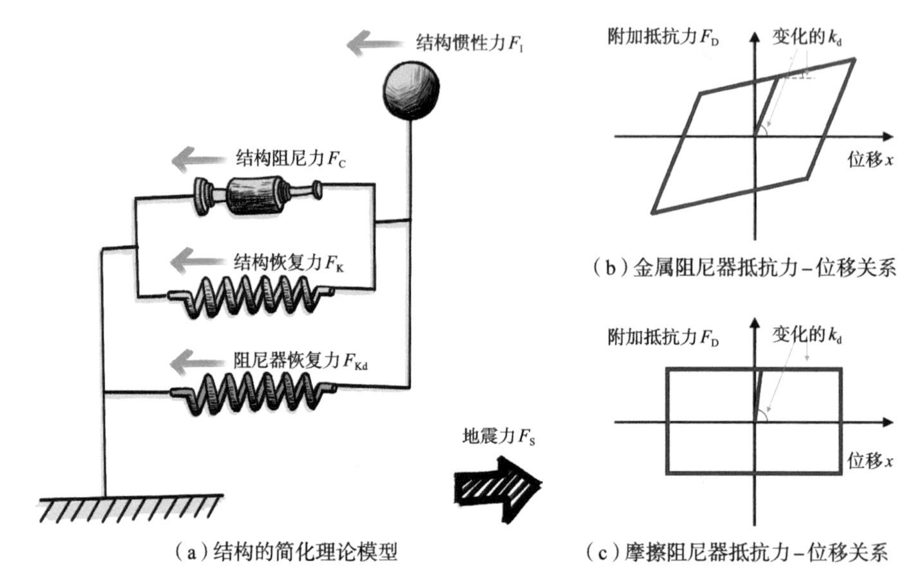

（a）结构的简化理论模型　　（c）摩擦阻尼器抵抗力–位移关系

图3-31　附加金属阻尼器和摩擦阻尼器结构的简化理论模型

型阻尼器故而能够表现出3.2节中所提到的滞回行为，进而有效地消耗地震能量。显然，阻尼器所消耗的地震能量相当于附加抵抗力与结构位移的滞回关系所围合的面积。

附加位移型阻尼器同样可以使结构的位移响应明显降低（图3-32）。图3-33给出了结构自身抵抗力、阻尼器附加抵抗力和地震力之间的平衡关系。

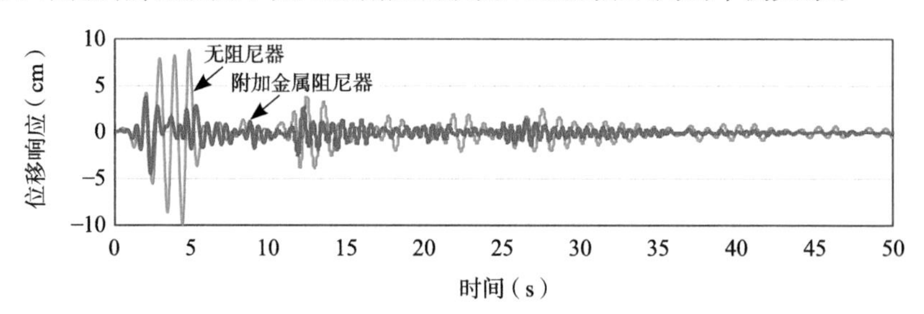

图3-32　附加金属阻尼器前后结构理论模型的位移响应对比

另一种黏弹性阻尼器给结构提供的附加抵抗力则与结构的速度和位移均有关，相当于同时为结构提供了一个附加的阻尼力F_{Cd}和附加的弹性恢复力F_{Kd}。此时，力的平衡关系将变为：

惯性力F_I+阻尼力F_C+附加阻尼力F_{Cd}+恢复力F_K+附加恢复力F_{Kd}

=–地震力F_S　　（3-5）

相应地，附加黏弹性阻尼器相当于在理论模型中同时附加一个阻尼单元和一

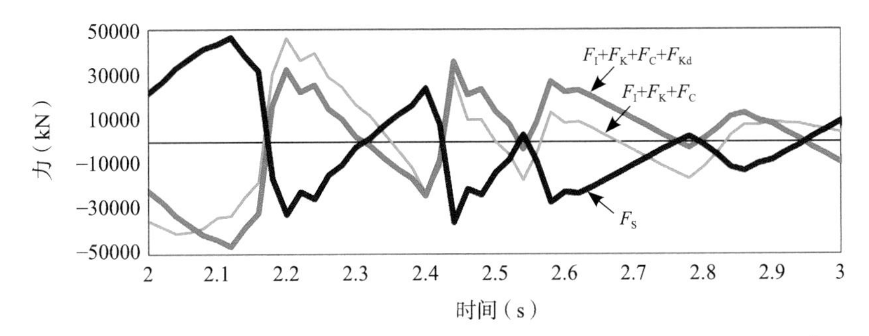

图3-33　附加金属阻尼器后抵抗力与地震力的平衡关系（以第2～3s为例）

个弹簧单元（图3-34a）。黏滞阻尼器产生的抵抗力与结构位移的典型关系如图3-34（b）所示，它可以视为一个弹性恢复力与一个阻尼力的叠加。同样地，附加黏弹性阻尼器使结构的位移响应明显降低（图3-35）。

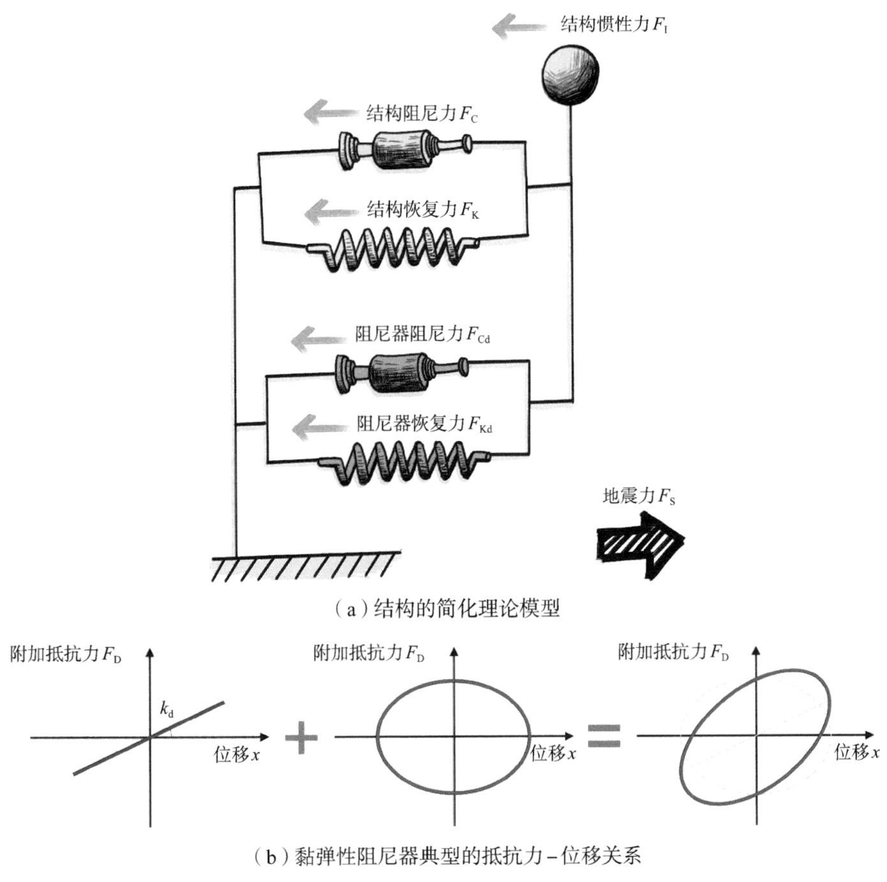

（a）结构的简化理论模型

（b）黏弹性阻尼器典型的抵抗力－位移关系

图3-34　附加黏弹性阻尼器结构的简化理论模型

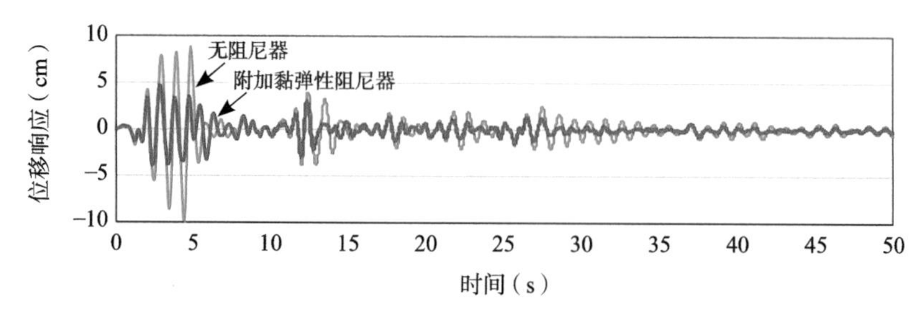

图3-35　附加黏弹性阻尼器前后结构理论模型的位移响应对比

以上由各种阻尼器提供的附加抵抗力都可能随着结构响应的大小，或者说等效质点运动的速度和位移等发生变化。从式（3-1）～式（3-5）给出的力的平衡关系可以看出，虽然采用不同的阻尼器时力的平衡关系各不相同，但它们的共同点在于阻尼器给方程的左侧提供了附加的抵抗力。由于这种附加的抵抗力，结构本身负担的抵抗力得以降低。

对于质量阻尼器，情况将变得复杂些。例如对于调谐质量阻尼器（TMD），它通过在结构上附加一个质量来产生对结构地震响应的抵抗力。附加TMD结构的理论模型可以表示为图3-36所示的形式，可以看到TMD的附加质量通过并联的阻尼单元和弹簧单元与结构连接。在实际中，弹簧单元和阻尼单元代表着各种为附加质量提供恢复力的机构和提供耗能的阻尼器。

TMD给结构提供的抵抗力是一个惯性力，与TMD的附加质量及其相对地面运动的加速度有关，这个惯性力通过阻尼单元和弹簧单元传递给结构，换句

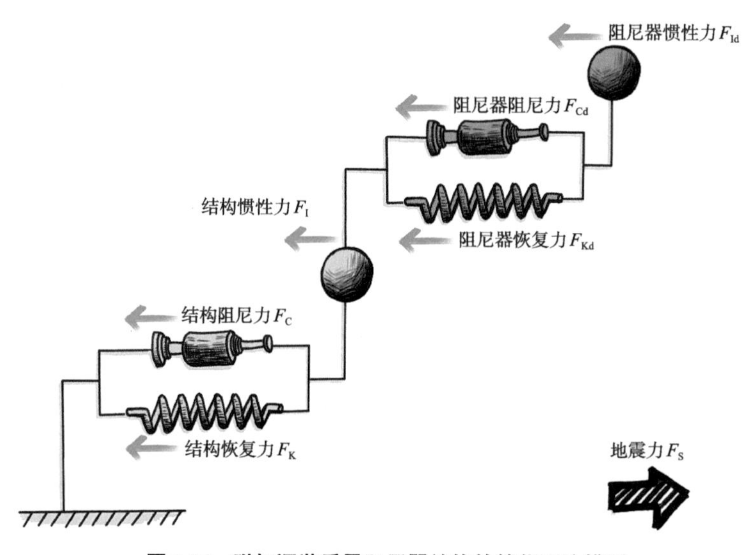

图3-36　附加调谐质量阻尼器结构的简化理论模型

话说，阻尼器惯性力F_{Id}等于阻尼器的阻尼力F_{Cd}和恢复力F_{Kd}之和。力的平衡关系因此变为：

$$惯性力F_I+附加惯性力F_{Id}+阻尼力F_C+恢复力F_K=-地震力F_S \quad (3\text{-}6)$$

需要注意的是，TMD在运动方程左侧附加的抵抗力F_{Id}的方向存在两种情况，当附加质量的运动加速度方向与地面加速度的方向相反时，F_{Id}是一个与地震力F_S方向相反的抵抗力，然而也存在附加质量的加速度方向与地面加速度方向相同的情况，此时，F_{Id}则是一个放大结构响应的驱动力。因此，需要通过合理设计阻尼器，即合理地确定图3-36中TMD的附加质量m_d，以及连接结构的弹簧单元刚度和阻尼单元的阻尼系数等参数，以确保TMD能够给结构提供一个尽量大的抵抗力。图3-37给出的结构位移响应表明，在合理确定以上各个参数的情况下，附加TMD可以使结构的位移响应明显降低。

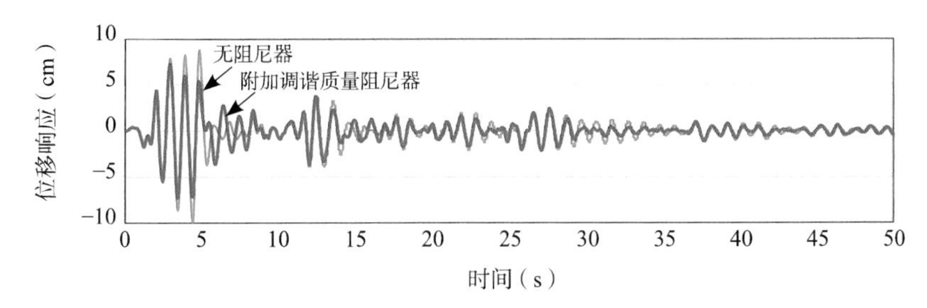

图3-37　附加调谐质量阻尼器前后结构理论模型的位移响应对比

需要注意的是，对于图3-36所示的附加TMD的结构理论模型，其受到的地震力F_S同时包含了结构等效质点的质量m和附加质量m_d的贡献，也就是说，附加质量在为结构提供附加抵抗力F_{Id}的同时，也增大了结构所承受的地震力。

与TMD不同，惯容阻尼器利用其放大惯性质量的特性，可以在不明显增加地震力F_S的同时给结构提供可观的附加惯性力F_{Id}。图3-38给出的是附加一种典型惯容阻尼器的结构理论模型，与图3-36对比可以看出其与传统TMD的区别。图3-38中产生附加惯性力F_{Id}的惯容单元具有两个质量参数，其中m_d代表惯容机构的物理质量，而m_{in}则代表惯容机构用于产生惯性力的等效惯性质量。利用各种不同的惯性力放大机制，等效惯性质量m_{in}甚至可以达到实际物理质量m_d的上千倍。由于惯容阻尼器产生的附加抵抗力F_{Id}与等效惯性质量m_{in}有关，而地震力F_S只与实际物理质量m_d有关，因此即使产生的附加抵抗力F_{Id}很大，附加惯容阻尼器造成的地震力F_S的增加也是很微小的。这是惯容阻尼器相比于TMD的优势之一。

惯容阻尼器的另一个主要特点在于它是一种两节点阻尼器，而传统TMD

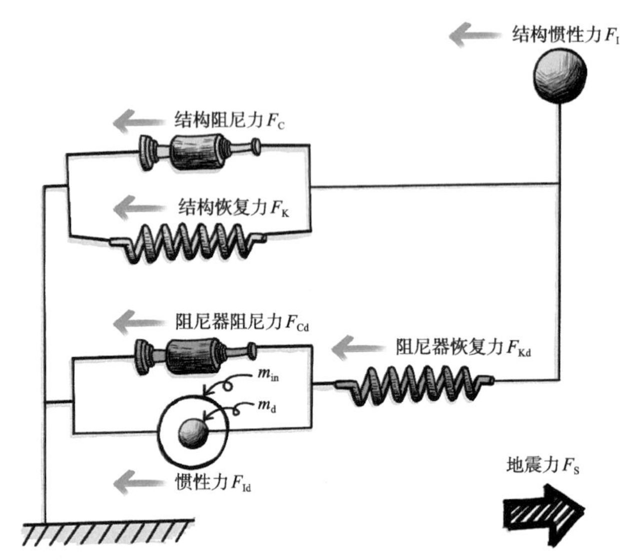

图3-38　附加惯容阻尼器结构的简化理论模型

是一种单节点阻尼器。也就是说，对于TMD，式（3-6）中的附加惯性力F_{Id}是附加质量m_d与其相对地面的加速度的乘积。而对于惯容阻尼器，其所提供的附加惯性力F_{Id}是等效惯性质量m_{in}与阻尼器两节点间的相对加速度的乘积。与图3-27、图3-31等对比可以看出，惯容阻尼器在总体上与结构的弹簧单元、阻尼单元并联。因此，和前述的速度型、位移型等两节点阻尼器类似，惯容阻尼器两节点间的相对位移、相对速度和相对加速度实际上等于结构的等效质点m相对于地面的位移、速度和加速度响应。

由以上的分析我们发现，无论对于何种消能减震装置，在其有效发挥作用的情况下，都能为结构提供一个针对地震力的附加抵抗力，此时作用在结构上的力的平衡关系可以被概括地表示为：

$$\text{惯性力}F_I+\text{阻尼力}F_C+\text{恢复力}F_K+\text{附加抵抗力}F_D=-\text{地震力}F_S \tag{3-7}$$

由于这里讨论的附加抵抗力均由阻尼器提供，因此我们也习惯性地将这种附加抵抗力称为附加阻尼力，这里需要注意的是，不同类型的阻尼器产生附加阻尼力F_D的机理多种多样，与结构自身产生阻尼力的机理是不尽相同的。

2.阻尼器能够分担地震传递给结构的能量

如小讲堂开头提到的那样，无论是地震作用本身还是结构的地震响应行为都是随时间变化的，具有不确定性的复杂过程。我们很难精确地再现结构地震响应的过程，但对于其中的任意一个时刻，我们可以基于第1部分中的力的平衡关系来考察结构、地震作用及消能减震装置之间的关系。另外，当我们着眼于结构地震响应的全过程时，则有另一个重要的平衡关系可以帮助我们更宏观地描述和分析附加消能减震装置对结构的影响，这就是能量的平衡关系。

众所周知，能量总可以表示为力和位移的乘积。前文中给出了结构在地震下发生振动的每一时刻都存在的力的平衡关系。对于其中的任一时刻，如果我们把式（3-2）中的每个力都乘以等效质点在此刻发生的微小位移 dx，则我们可以得到一个存在于此时刻的各个力所做功的平衡关系：

$$\text{惯性力}F_I\times dx+\text{阻尼力}F_C\times dx+\text{恢复力}F_K\times dx=-\text{地震力}F_S\times dx \quad (3\text{-}8)$$

如果我们对上式中的每一项在结构发生地震响应的整个时间段内进行积分，则可以得到在结构的整个地震响应过程中抵抗力和地震力所做总功的等式：

$$\text{惯性力}F_I\text{做功}+\text{阻尼力}F_C\text{做功}+\text{恢复力}F_K\text{做功}=\text{地震力}F_S\text{做功} \quad (3\text{-}9)$$

其中：

惯性力（F_I）做的功反映了等效质点与地面发生相对运动所需要的动能；

阻尼力（F_C）做的功反映了阻尼作用消耗的能量；

恢复力（F_K）做的功反映了弹簧产生变形所储存的应变能，它在弹簧保持弹性的情况下表现为势能，在弹簧进入塑性的情况下，则还包含了由不可恢复的塑性变形带来的滞回耗能；

地震力（F_S）做的功反映了地震作用输入给结构，使结构发生地震响应的总能量。

因此，在未附加消能减震装置的情况下，结构地震响应的全过程可以被概括为以下的能量平衡关系：

$$\text{结构动能}E_I+\text{结构阻尼耗能}E_C+\text{结构应变能}E_K=\text{地震输入能}E_S \quad (3\text{-}10)$$

总体而言，能量平衡关系是对结构整个地震响应过程的宏观描述。能量平衡方程的右侧代表地震作用输入到结构中的能量的大小，而方程的左侧描述了输入能量在结构振动过程中不同成分之间的分配情况。图3-39所示为图3-21（c）中未附加阻尼器结构在图3-23的地震作用下，上述各能量成分随时间的累积变化情况。可以看到在结构响应较大的前几秒内（图3-25），动能 E_I 和应变能 E_K 也较大，二者的总和构成了图中地震输入能 E_S 和阻尼耗能 E_C 之间的部分，而它们之间又表现出此消彼长的相互关系，这反映了结构在振动过程中动能和应变能（弹性势能）的相互转化过程。然而，随着时间的推移，动能 E_I 和应变能 E_K 逐渐减小，地震输入能 E_S 和阻尼耗能 E_C 趋于相等，这反映了随着结构振动的停息，驱动结构发生运动的能量最终都将被阻尼作用所消耗。

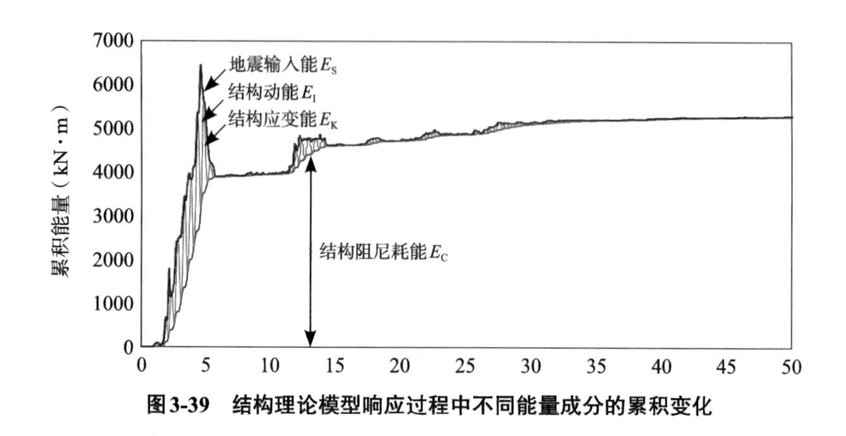

图3-39　结构理论模型响应过程中不同能量成分的累积变化

在附加消能减震装置的情况下，同样可以对式（3-3）～式（3-6）进行相同的积分处理，得到能量平衡关系。

当附加黏滞阻尼器时，能量平衡式可以写成：

$$E_I+E_C+E_K+\text{附加阻尼耗能}E_{Cd}=\text{地震输入能}E_S \tag{3-11}$$

其中E_{Cd}为黏滞阻尼器提供的附加阻尼所消耗的能量。附加黏滞阻尼器情况下，式（3-11）中各个能量成分随时间的累积变化情况如图3-40所示（为了便于观察，图中仅展现了地震前10秒的情况）。可以看出一方面动能E_I和应变能E_K均有明显的降低，这反映了结构振动响应的减小；另一方面，有相当一部分的能量最终由附加阻尼消耗，由结构自身阻尼所消耗的地震输入能量明显降低，这反映了地震下结构的损伤明显减小，结构受到了附加阻尼器的“保护”。

当附加金属阻尼器、摩擦阻尼器时，能量平衡方程式变为：

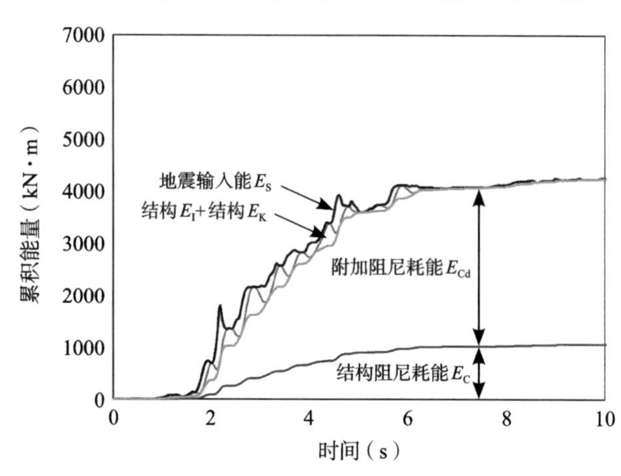

图3-40　附加黏滞阻尼器结构理论模型的不同能量成分累积变化（响应前10s）

$$E_I+E_C+E_K+\text{附加应变能}E_{Kd}=\text{地震输入能}E_S \tag{3-12}$$

其中E_{Kd}为金属阻尼器、摩擦阻尼器提供的附加弹性势能及滞回耗能，其中滞回耗能并不会如弹性势能那样转化为阻尼耗能，而是除阻尼耗能外的另一种耗能形式。附加金属阻尼器情况下，各个能量成分随时间的累积变化情况如图3-41所示。

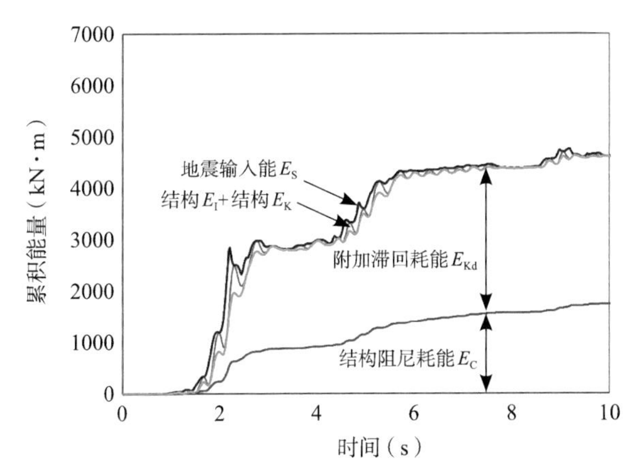

图3-41　附加金属阻尼器结构理论模型的不同能量成分累积变化（响应前10s）

当附加黏弹性阻尼器时，能量平衡式可以写成：

$$E_I+E_C+E_K+\text{附加阻尼耗能}E_{Cd}+\text{附加应变能}E_{Kd}=\text{地震输入能}E_S \tag{3-13}$$

其中E_{Cd}为黏弹性阻尼器提供的附加阻尼所消耗的能量，E_{Kd}为黏弹性阻尼器提供的弹性势能，需要注意的是，这些弹性势能最终仍将被附加阻尼作用消耗。此时各个能量成分随时间的累积变化情况与图3-40类似。

在附加调谐质量阻尼器的情况下，能量平衡方程式变为：

$$(E_I+E_{Id})+E_C+E_K=E_S \tag{3-14}$$

其中E_{Id}为附加质量运动所需的动能，由于附加质量通过阻尼单元和弹簧单元与结构连接，一般而言，这些动能将通过连接附加质量的阻尼单元所提供的附加阻尼消耗，在实际中，这里的阻尼单元可以是各种形式的阻尼器。附加调谐质量阻尼器的情况下，各个能量成分随时间的累积变化情况如图3-42所示。

尽管在附加不同阻尼器的情况下能量平衡方程表现为不同的形式，但总体上我们可以认为，附加各种消能减震装置的效果都是将能量平衡方程左侧的一部分能量从结构内部转移至消能减震装置，并最终由消能减震装置加以消耗。与此同时，结构内部所分担的动能、阻尼耗能和应变能等也减少了。结构产生和消耗以上能量所需要的承载能力、变形能力和耗能能力等也就相应地减小了。

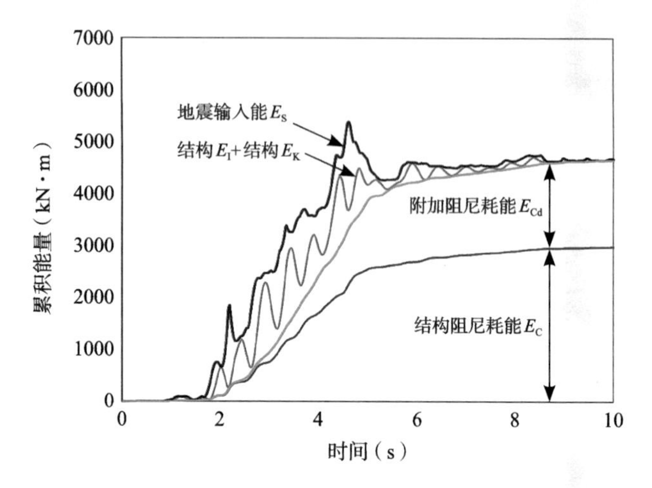

图3-42　附加调谐质量阻尼器结构理论模型的不同能量成分累积变化（响应前10s）

综上所述，附加消能减震装置一方面为结构提供了一个附加的抵抗地震响应的力，另一方面分担了本应全部由结构消耗的地震能量。基于这样的原理，附加消能减震装置可以容许我们使用更少的材料、更小的构件，实现更灵活的建筑空间，使结构在地震下变形更小、损伤更少，使建筑和城市不仅在地震中更加安全，而且能够在地震后更快地恢复正常运行。因此，我们把消能减震技术誉为牺牲自己、保护结构的抗震先锋。

IV

第4章

抗震先锋如何大显神威
——消能减震技术的应用实例

Hi，我是小消。

说了那么多关于消能减震技术的基础知识，在实际工程中人们是怎样让消能减震这个抗震先锋大显身手的呢?

让我们在这一章，带领大家来领略一番吧！

4.1 我国消能减震技术的开拓性实践——软钢消能支撑的工程应用

我国消能减震技术的工程应用始于20世纪70年代末。

1976年的唐山大地震造成了单层工业厂房的大量震害。如图4-1（a）所示，单层工业厂房一般由并列的排架构成，在排架与排架之间设有支撑，防止排架向所在的平面外变形和倾倒。在震后调查中人们发现，有一类工业厂房的支撑设置得非常粗大刚强，导致在地震作用下，排架柱几乎没有任何变形与损伤，然而这一类厂房却往往在屋架与柱的连接部附近发生较为严重的破坏，导致屋架及其支撑的屋面坍塌，引起非常严重的震害。与之成为鲜明对照的是另一类支撑相对比较细长柔弱，甚至根本没有设置支撑的厂房，虽然这些厂房在地震下柱和支撑的变形和损伤比较严重，然而却并没有如第一类厂房那样，出现造成屋面坍塌的集中的“脆性”破坏。

结构工程师们从中意识到，恰恰是由于比较“柔弱”的柱和支撑在变形中

（a）浙江杭州的一座工业厂房内，人们在举办交响音乐会

（b）唐山大地震中遗留的工业厂房遗址

图4-1　典型的工业厂房建筑及其震害遗址

消耗了足够的地震能量，反过来避免了厂房上部更严重震害的发生。因此，在结构的设计中有意识地允许支撑发生变形并消耗足够的地震能量，能够有效地提升结构在地震下的安全性。然而另一方面，传统的支撑构件在消耗地震能量时也存在一些缺陷。在这一背景下，结构工程师们提出了一种图4-2所示的软钢消能支撑。支撑的核心部有一个型钢构成的方框，方框的四角通过钢杆与排架柱的上下端点连接。地震下相邻排架柱发生侧向变形时，支撑与排架柱的四个连接点中处在对角线上的A1、A2两个点会相互远离，导致钢杆牵拉核心部的钢方框，钢方框由方形变为菱形，其中的钢构件发生屈服并消耗地震能量。同时，四个连接点中的另两个点B1、B2将相互靠近，对于一般的支撑来说，这将造成相应的钢杆受到轴向的压力并可能发生失稳破坏。而上述软钢消能支撑则可以克服这一问题，由于核心部的钢方框受到牵拉后将变为菱形，方框上与B1、B2两端点对应的b1、b2两点也将相互靠近，这样一来，连接方框和端点的钢杆受到的压缩变形将会很小，从而避免了钢杆受压发生失稳破坏的问题。

上述软钢消能支撑于1979年被应用在洛阳机械工业部第四设计院试验厂的单层工业厂房建筑上，是国内消能减震技术最早的工程应用案例，具有开拓性的意义[4]。

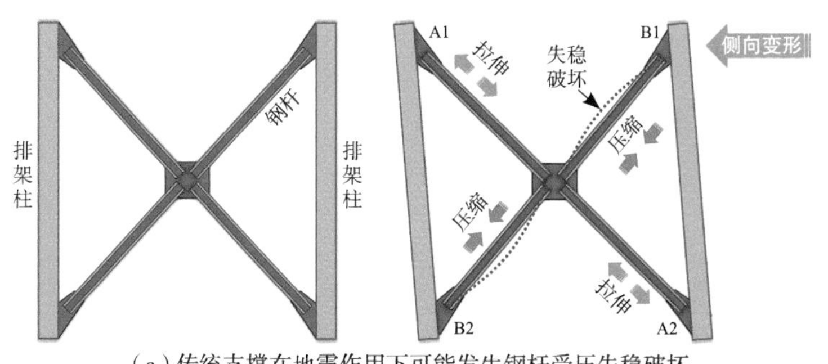

（a）传统支撑在地震作用下可能发生钢杆受压失稳破坏

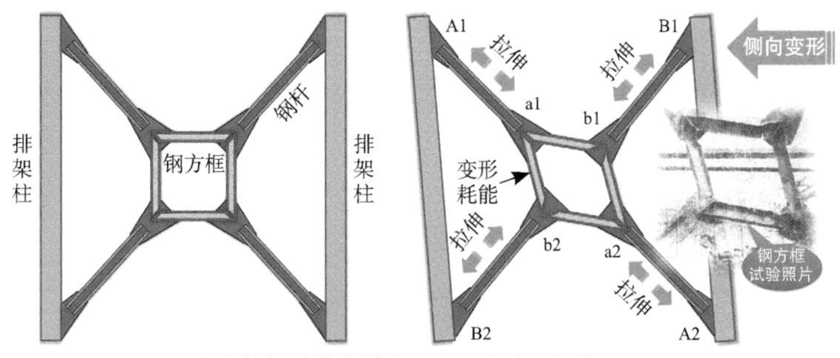

（b）软钢消能支撑在地震下的变形耗能机理

图4-2　传统支撑和软钢消能支撑在地震下的对比

4.2

消能减震让建筑构思更加自由——同济大学教学科研综合楼

同济大学教学科研综合楼[9]位于上海四平路同济大学校园内（图4-3），于2007年5月竣工，是同济大学百年校庆的标志性建筑。该建筑为钢管混凝土框架结构，总高98m，结构平面尺寸为长宽各48.6m的正方形。大楼包含地下1层和地上21层，且地上每3层之间设有1个高2m的设备层，总建筑面积达到46000m^2。

图4-3　同济大学教学科研综合楼的外观及灵活多变的内部空间

作为一栋集教学、科研、办公为一体的综合性建筑，该大楼在设计理念上力图营造丰富灵活的内部空间，为此，设计师以3个楼层为一组构成如图4-4所示的一个L形空间单元，通过将该空间单元在高度方向上进行堆叠和旋转，形成简约大气的外观和错落有致的内部空间。上述极富创意的建筑构思在完美实现建筑形式与功能有机统一的同时，却给结构设计带来了多方面的挑战。

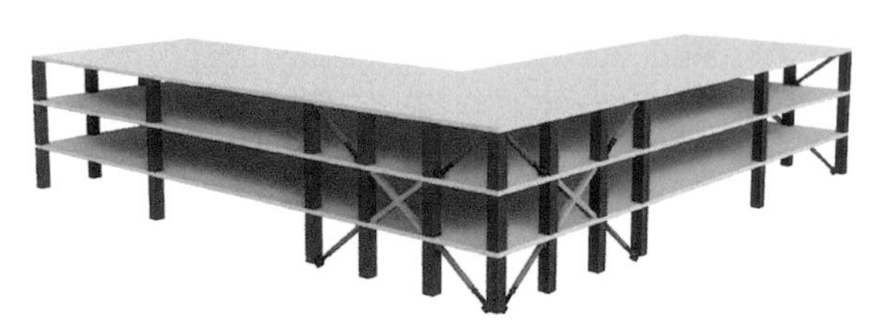

图4-4　由3个楼层构成的L形空间单元

一个最主要的问题在于，螺旋上升的L形空间单元导致结构构件的平面布置每3层就发生一次明显的变化，由于这种变化具有和L形空间单元一致的螺旋上升的趋势，很容易使结构在地震作用下产生明显的扭转变形（图4-5）。为了抑制结构的扭转变形，一种常用的手段是在结构的外立面连续布置钢支撑，但这种布置形式将会破坏由螺旋上升的L形空间单元所形成的特有的外立面形式。

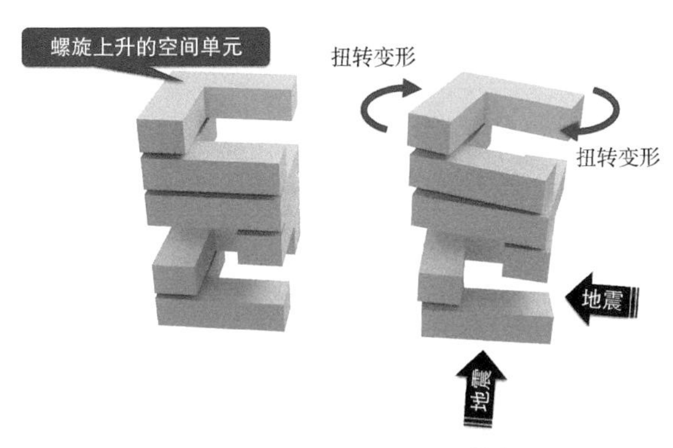

图4-5　在地震作用下产生扭转变形

结构工程师们因而采用了消能减震方案，来克服上述建筑设计理念与结构合理性之间的矛盾。如图4-6所示，在每一个L形空间单元的端部及拐角处各设置了一组黏滞阻尼支撑。每组支撑由角部的4个黏滞阻尼单元和中部的1个X形钢支撑构成，每组支撑整体上跨越了3个楼层。图4-6中还给出了其中一个黏滞阻尼单元的照片，包括沿对角线方向布置的黏滞阻尼器和与之连接的钢管支撑。通过数值模拟手段分析结构在地震作用下的响应表明，在数百年发生一次的罕遇地震作用下，消能减震方案使结构的扭转水平降低了约四分之一。这一案例表明，通过消能减震技术的合理应用，可以在提升结构安全性的同时，赋予建筑设计更高的灵活性。

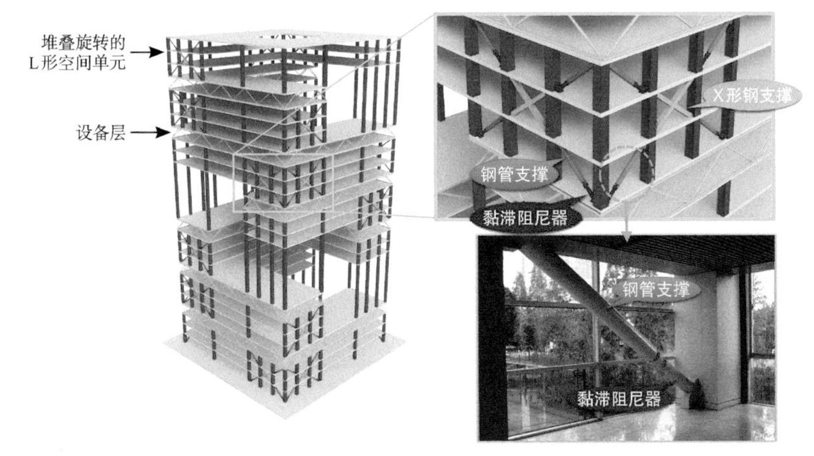

图4-6　黏滞阻尼单元在结构中的分布和局部照片

4.3 被“空中巨手”握住的阻尼器——从香格里拉大厦到“春笋”

香格里拉大厦是位于菲律宾马尼拉的2栋高213m的双子塔建筑（图4-7）[10]，建筑于2009年完工，地上60层，楼层平面大致上为边长38m的正方形。建筑采用了混凝土的框架-核心筒结构体系，这是一种高层建筑中相当常见的结构体系，具有较大的抗侧刚度，且在建筑空间布局和施工效率方面都具有优势。

图4-7 香格里拉大厦

如图4-8所示，楼层平面的核心区域是四面围合的剪力墙构件，这些剪力墙构件在结构的高度方向是连续的，形成了一个贯穿建筑全高的筒体，也就是核心筒。核心筒在抵抗来自各个方向的地震、风等水平荷载作用时发挥极大的刚度，成为结构抵抗这些水平荷载时的核心构件。在楼层平面的外围则均匀分布着柱构件，它们与梁构件连接构成了包围在核心筒四周的框架结构，也形成了建筑主要的使用空间。这种由位于中心的核心筒和位于外围的框架组成的结构体系称为框架-核心筒结构。

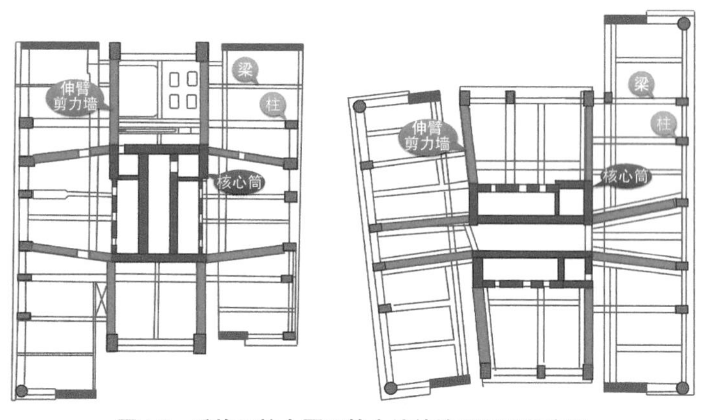

图4-8 香格里拉大厦两栋大楼的楼层平面示意图

在结构部分楼层的核心筒与外围框架柱之间连接了8片剪力墙构件，这些剪力墙仿佛从核心筒中伸出的巨型手臂一样，因而被称为伸臂剪力墙构件。由于核心筒在地震、风等水平荷载作用下往往产生弯曲变形，伸臂剪力墙的端部会随之产生上下运动。这就好像人伸开双臂站立并左右摇摆时，两手会产生上下运动一样。此时，由于外围框架柱主要产生弯曲变形，框架柱上的任意一个位置，其在上下方向上的运动也很小。因此，外围框架柱和伸臂剪力墙端部之间运动形式的差异，会使两者产生明显的相对位移。利用这一点，结构工程师在伸臂剪力墙端部与外围框架柱之间连接了黏滞阻尼器，利用上述相对位移，使结构在水平荷载作用下，黏滞阻尼器能够充分地变形和消耗能量。

如图4-9所示，在两栋建筑中分别布置了16个黏滞阻尼器，每栋建筑中的阻尼器全部位于同一高度，并被安装在8个伸臂剪力墙的端部，每片剪力墙的端部安装了2个阻尼器。阻尼器的两端分别连接在伸臂剪力墙端部和相邻的外围框架柱上。结构在水平荷载作用下，剪力墙端部与框架柱之间发生相对位移，带动阻尼器产生轴向的拉压变形，发挥耗能减震（振）作用（图4-10）。

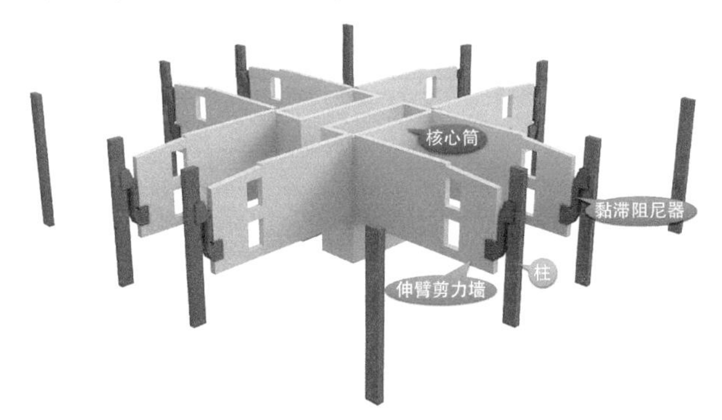

图4-9　布置在伸臂剪力墙端部的黏滞阻尼器

阻尼器可以产生的最大变形被设定为200mm以上，这是通过对2475年间可能发生的最大地震进行分析获得的一个阻尼器变形的估计值。而在设计考虑的台风作用下，阻尼器可能产生的最大变形约为50mm。阻尼器可以产生的最大阻尼力被设定为2200kN，即使阻尼器的变形速度很大时，也可以通过特殊设计的压力释放装置将阻尼力控制在2200kN以下，这样就避免了过大的阻尼力对阻尼器与结构的连接部位可能造成的损伤。

于2018年建成的华润深圳湾总部大楼（图4-11）[11]采用了与香格里拉大厦类似的框架-核心筒结构体系和伸臂消能减震方案。该大楼地上66层，高393m，典型层高4.5m，建筑面积约19.2万m^2。总部大楼外形形似“春笋”，

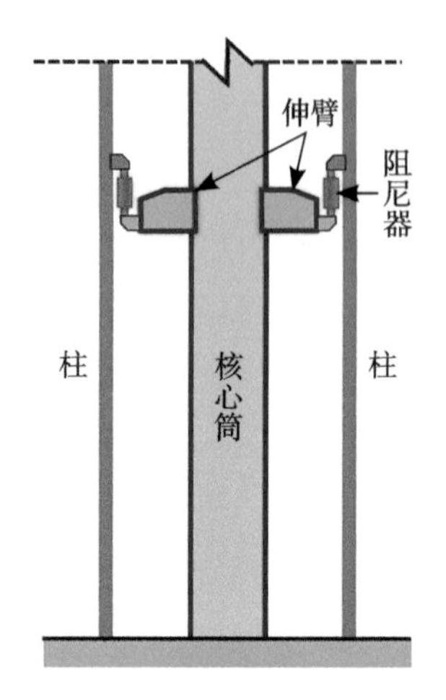

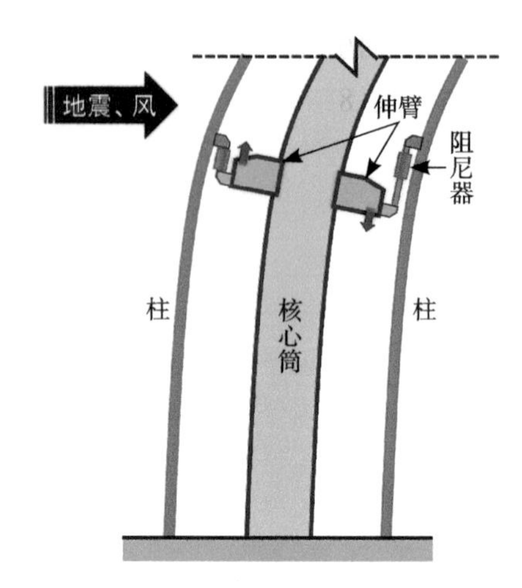

图4-10　水平荷载作用下黏滞阻尼器的变形耗能机理

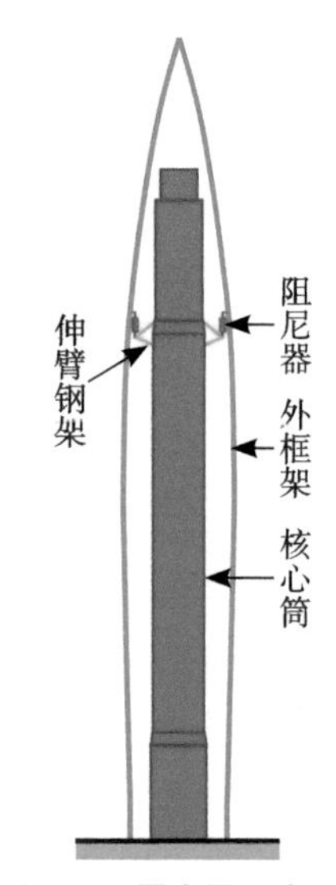

图4-11　华润深圳湾总部大楼的外观及阻尼器布置示意图

有拔地而起、向上生长的寓意。与香格里拉大厦不同的是，华润总部大楼采用了密柱外框架，外框架由56根紧密排列的钢柱组成，钢柱的截面尺寸较小，最大截面仅为83cm×75cm，而钢柱的间距也相对较小，仅为2.4～3.8m。与之相比，采用钢筋混凝土外框架的香格里拉大厦，柱截面尺寸超过1.5m，而柱间距也普遍在6m以上。

结构工程师在设计阶段对大楼进行了风洞试验，模拟风荷载作用下结构的响应，结果显示在比较常遇的风荷载作用下，大楼顶部楼层的最大加速度可能超过规范的限值而引起使用人员的明显不适。因此，在大楼的47～48层位置的核心筒上设置了8组伸臂钢架，并在钢架端部与外框柱之间设置了黏滞阻尼器（图4-12）。与图4-10所示的情形类似，在风荷载作用下，核心筒与外框架之间变形的差异将导致钢伸臂端部与外框柱之间发生相对位移，带动阻尼器发生轴向变形并发挥耗能效果。

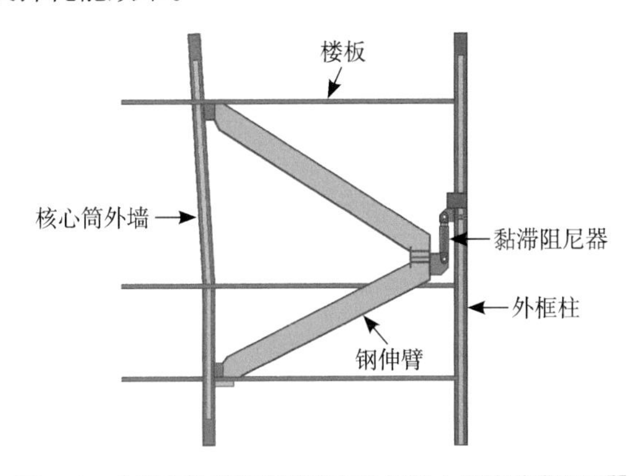

图4-12 布置在伸臂钢架端部与外框柱之间的黏滞阻尼器

4.4 连接在高墙之间的“保险丝”——YC公寓大楼

YC公寓大楼位于加拿大多伦多市中心（图4-13）[12]。大楼高200m，是一栋地上66层、地下5层的钢筋混凝土剪力墙结构，建筑面积超过6200m^2，楼层平面为长40m宽20m的矩形。剪力墙结构中，墙构件从地面开始向上贯通了结构的整个高度，是结构对水平荷载的抵抗力的主要来源。如图4-14所示，在结构平面的中心位置布置了剪力墙围合成的核心筒体，而在结构平面的上下两端布置了4片贯穿结构总高的剪力墙。

图4-13 多伦多YC公寓大楼外观

在地震、风等水平荷载作用下，相邻剪力墙之间往往通过钢筋混凝土连梁连接，而水平荷载作用下在相邻剪力墙之间产生的反向变形趋势会给连梁造成显著的变形，导致连梁很容易出现损伤甚至破坏（图4-15a）。针对这一问题，结构工程师们选择将连梁改造为阻尼器（图4-15b），不仅避免了混凝土连梁可能出现的损伤破坏，而且能够利用相邻剪力墙之间的反向变形，使阻尼器充分消耗结构的振动能量，降低结构的响应。

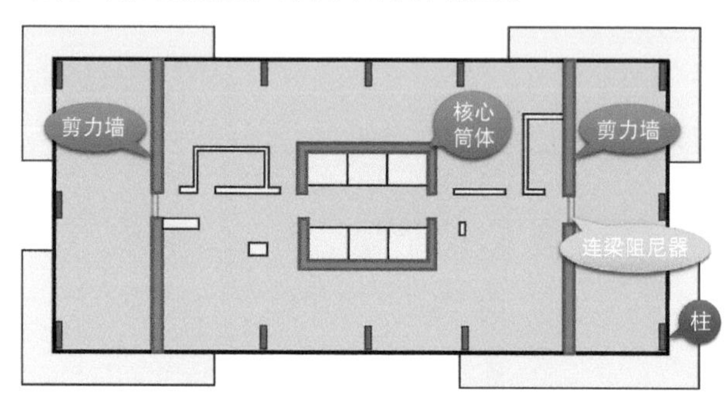

图4-14　楼层平面结构布置示意图

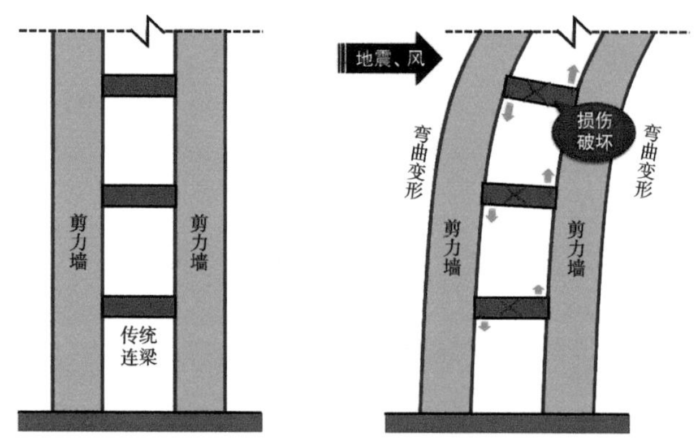

（a）剪力墙弯曲变形造成连梁损坏

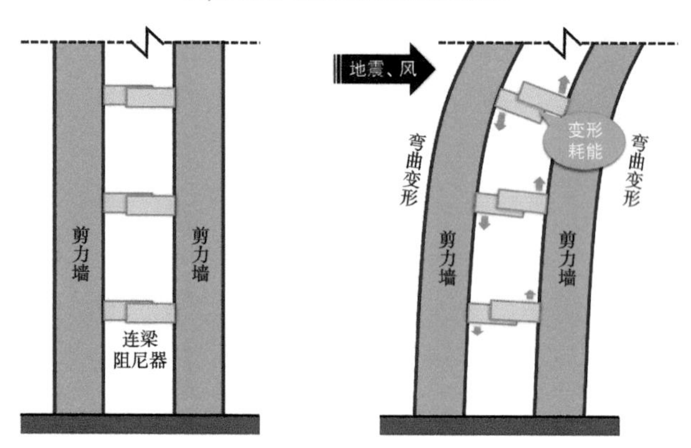

（b）连梁阻尼器利用剪力墙弯曲变形充分耗能

图4-15　YC公寓大楼在水平荷载作用下传统连梁和连梁阻尼器方案的对比

如图4-16所示，连梁阻尼器由钢板和黏弹性材料构成，左、右侧钢板的外端分别嵌固在剪力墙中，而中部则相互重叠并能产生相对运动。实际中左右两侧钢板各有5层，5层钢板相互交叉重叠，黏弹性材料则夹在相邻两层钢板之间。连梁两侧的剪力墙发生弯曲变形时，连梁左右两端会随着剪力墙的变形发生相对位移，带动中部的钢板产生相对运动，黏弹性材料从而发生剪切变形，发挥阻尼作用。由于在剪力墙结构中连梁的变形比剪力墙大得多，即使剪力墙在相对较小的水平荷载下发生微小变形，连梁阻尼器也能产生明显的耗能。

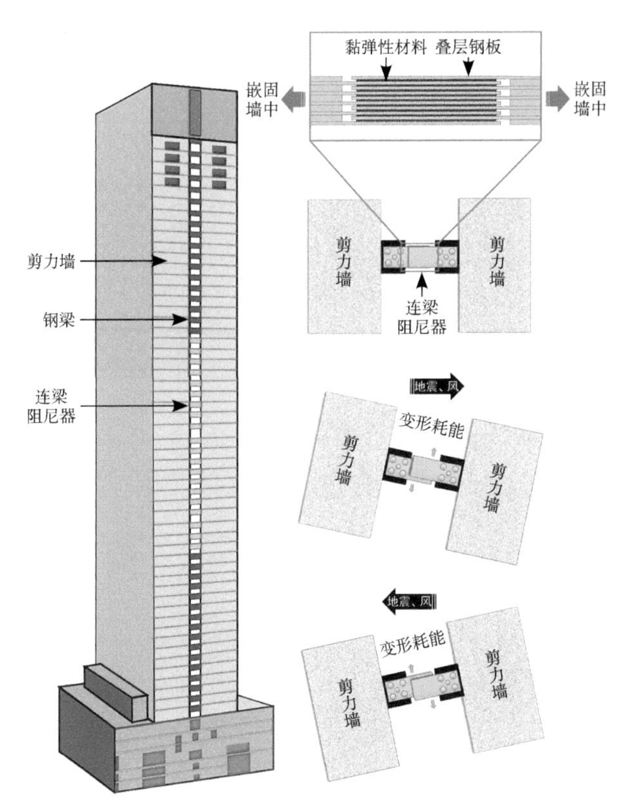

图4-16　YC公寓大楼连梁阻尼器的布置、结构和变形耗能机理

通过消能减震技术的应用，结构工程师成功地将剪力墙结构中容易发生损伤的连梁构件转化成了在水平荷载作用下率先变形耗能的结构“保险丝”，通过降低结构的响应，改善了建筑物的安全性和舒适性，并对剪力墙等其他构件起到了保护作用。

4.5

阻尼器在“上岗”之前也需要“体检”——圣迭戈政府大楼

位于美国加利福尼亚州的圣迭戈政府大楼建成于2017年，是一栋高118m的钢框架结构（图4-17）[13]。楼层平面为99m×67m的矩形，楼层数为地上24层，地下2层。结构上安装了106个黏滞阻尼器，用以控制结构的地震响应和风致振动。

图4-17　圣迭戈政府大楼外观

如图4-18所示，黏滞阻尼器全部沿楼层平面的短边方向布置在结构的中部及两侧。在钢框架内部，沿对角线方向布置了圆钢管作为支撑构件，而黏滞阻尼器被安装在圆钢管支撑的端部（图4-19）。当结构在地震和风荷载作用下发生变形时，图中左右两侧的支撑和阻尼器所连接的梁柱节点将分别产生靠近或远离的变形趋势，造成阻尼器

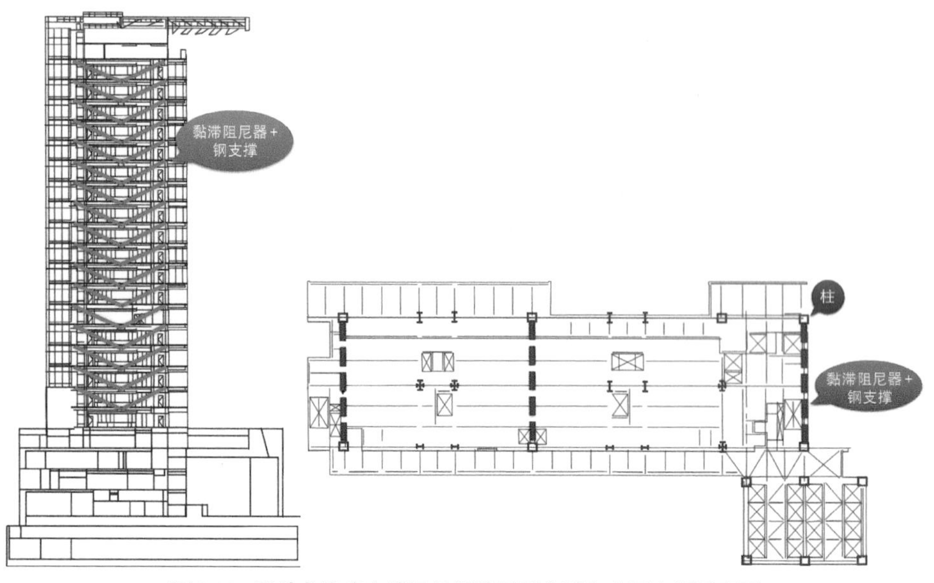

图4-18　圣迭戈政府大楼阻尼器的平面布置和立面布置示意图

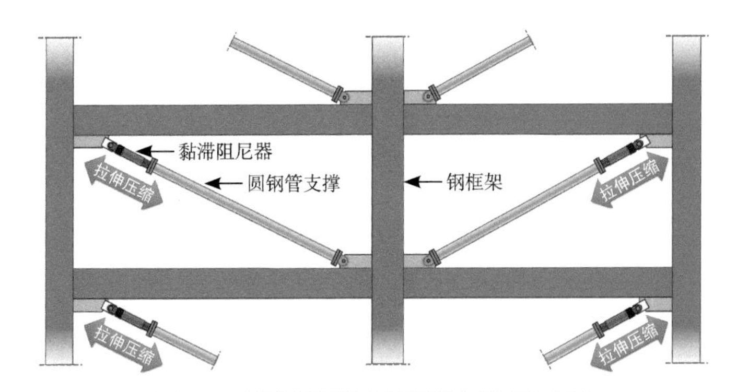

图4-19 黏滞阻尼器在钢框架中的安装方案

的拉伸和压缩。当结构在地震和风荷载作用下发生往复振动时，阻尼器随之不断拉压并消耗能量。

结构工程师们在计算机中利用数值模型模拟了附加阻尼器前后结构的振动特性，分析表明当结构沿阻尼器布置的楼层平面短边方向振动时，结构的阻尼增大了约7.5倍。当结构发生扭转振动时，阻尼增大了约11倍。而当结构沿楼层平面长边方向振动时，由于振动方向与阻尼器布置的方向垂直，阻尼器不能充分变形并发挥作用，结构的阻尼没有明显变化。

需要注意的是，包括我国在内，各国规范均对将被应用于实际工程的消能减震装置提出了试验检测的要求，也就是说，阻尼器在“上岗”之前必须按规定进行“体检”。在圣迭戈政府大楼建设工程中，对所采用的两种型号的黏滞阻尼器（承载力分别为1468kN和1957kN）分别抽取样本并进行了阻尼器性能的试验检测。试验检测主要针对风振作用下阻尼器性能的变化规律，以及阻尼器在结构上长时间振动过程中性能的可靠性和稳定性。结构工程师利用实验室的加载系统使阻尼器在较高的速度下发生往复的伸缩变形，逐步地调节变形速度的大小，测量随变形速度变化的阻尼力，验证其变化规律与理论模型的一致性。为了检测阻尼器在结构上长期服役过程中的可靠性和稳定性，工程师们假想了持续3个小时以上的风暴作用，以每秒钟往复5次的频率对各阻尼器样本进行2000次以上的往复加载试验，通过试验验证阻尼器所产生的阻尼力和所发挥的耗能能力都能保持稳定，阻尼器本身也能保持完好（图4-20）。

除了以上关于阻尼器在不同速度下的性能变化规律，以及长时间振动过程中的性能稳定性以外，常见的阻尼器试验检测项目还包括在不同加载频率下的性能稳定性，在不同温度环境下的性能稳定性等。总之，消能减震装置在实际工程中的应用应当以装置性能的试验检测作为前提和基础。

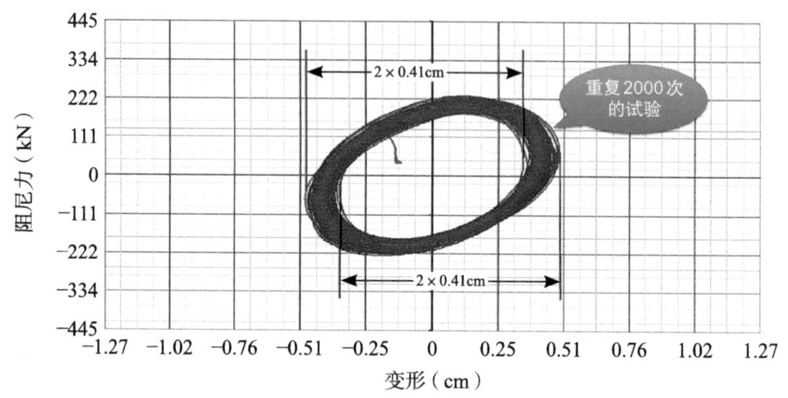

图4-20　一个黏滞阻尼器样本在2000次往复加载下的性能试验结果

4.6 巧妙地实现阻尼器控制效果的最大化——Costums住宅大厦

作为新西兰最高的住宅建筑，位于奥克兰的Costums住宅大厦是一栋高187m的钢框架结构（图4-21）[14]。建筑地上56层，地下5层，典型层高为3.3m，典型楼面面积800m²，总建筑面积超过46000m²。在建筑的11～38层安装了28个黏滞阻尼器，用来减小风荷载作用下结构的位移和加速度响应，提升使用过程中的舒适性。同时，在建筑顶端的锥形空间内还设置了一个悬挂式调谐质量阻尼器，以进一步提升对结构响应的控制效果。

图4-21　新西兰Costums住宅大厦外观

如图4-22（a）所示，28个黏滞阻尼器被安装在结构平面的2轴和6轴位置，紧靠楼梯。1、7和F轴位置为巨型的斜交网格框架，可以为结构提供抵抗水平荷载作用的巨大刚度。图4-22（b）中给出了1、2、6、7和F轴框架的立面图。Costums住宅大厦上的黏滞阻尼器被安装在一种特殊的变形放大机构（toggle system）上，如图4-23所示，这种变形放大机构由三根方钢管通过铰节点连接

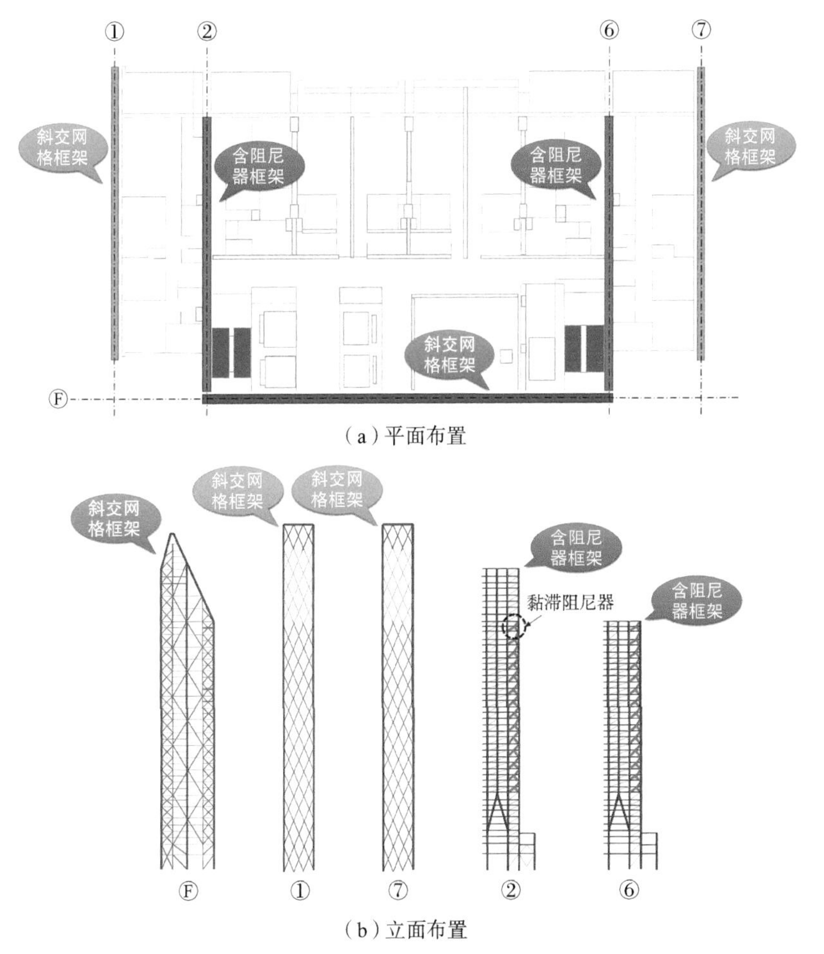

图4-22　阻尼器和斜交网格框架的平面和立面布置

构成，整体上成“人”字形。黏滞阻尼器被安装在其中一根钢管的末端。变形放大机构穿过了两个楼层，因此在梁的位置设置了一个跨越段，使梁可以穿过变形放大机构，而不影响机构的变形。结构在水平荷载作用下发生变形时，变形放大机构可以放大阻尼器的变形量，使阻尼器的耗能得到放大。

之所以要采用变形放大机构来放大阻尼器的变形，是为了使阻尼器在结构响应较小时也能充分发挥减小结构响应的作用。结构在日常的风荷载作用下不可能出现很明显的响应，例如在本案例中，经过分析得到结构在日常风荷载作用下楼层间的变形仅有不到0.6mm，如果将阻尼器沿斜对角线安装，则阻尼器产生的变形会更小，进而难以发挥充分的耗能作用。通过变形放大机构，阻尼器的变形被放大了近5倍，使之能够有效地减小结构的响应，提升建筑物的使

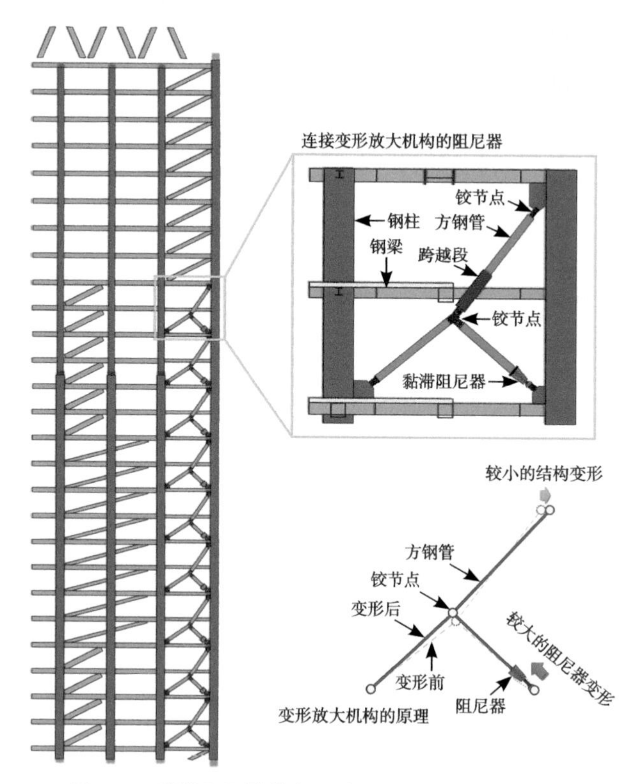

图4-23　黏滞阻尼器的变形放大机构及其原理示意图

用舒适性。

为了进一步提升结构响应的控制效果，结构工程师们还计划在结构顶部设置一个悬挂式的调谐质量阻尼器。对于上面提到的黏滞阻尼器，工程师们面临的问题是如何尽可能地增大结构小变形下阻尼器的耗能效率，而对于调谐质量阻尼器，问题变为如何充分利用有限的空间，尽可能地增大调谐质量阻尼器的阻尼力和控制效果。由于调谐质量阻尼器的阻尼力本质上是一个惯性力，增加阻尼力就意味着需要增大阻尼器的附加质量，这同时意味着附加质量块体积的增大。与此同时，为使悬挂式调谐质量阻尼器充分发挥作用，需要令其摆动的频率与结构响应的振动频率尽量接近。

Costums大厦作为高达187m的钢框架结构，其在风荷载作用下的振动比较缓慢，两个振动方向上的频率均只有0.2Hz左右。为了达到这一频率，悬挂式调谐质量阻尼器需要有较长的悬挂长度（摆长）。在建筑空间有限的情况下，增大调谐质量阻尼器的阻尼力（增大质量块体积）和减小其摆动的频率（延长悬挂长度）就形成了一对矛盾。为了解决这一矛盾，工程师们提出了如图4-24

所示的双摆调谐质量阻尼器，利用一个钢架把悬吊附加质量块的钢丝绳一分为二，钢丝绳的上半部分连接结构与钢架的下端，钢丝绳的下半部分连接质量块与钢架的上端，通过钢架把钢丝绳进行“折叠”，在较小的高度内实现了较大的摆长。双摆调谐质量阻尼器能够同时满足悬挂式调谐质量阻尼器对较大附加质量和较低摆动频率的需求，巧妙地实现了阻尼器控制效果的最大化。调谐质量阻尼器通过合理调节自身的运动状态，吸收结构的振动能量以减小结构的响应。为了消耗这些振动能量，如图4-24所示，进一步在摆动的附加质量块的两端设置了黏滞阻尼器。

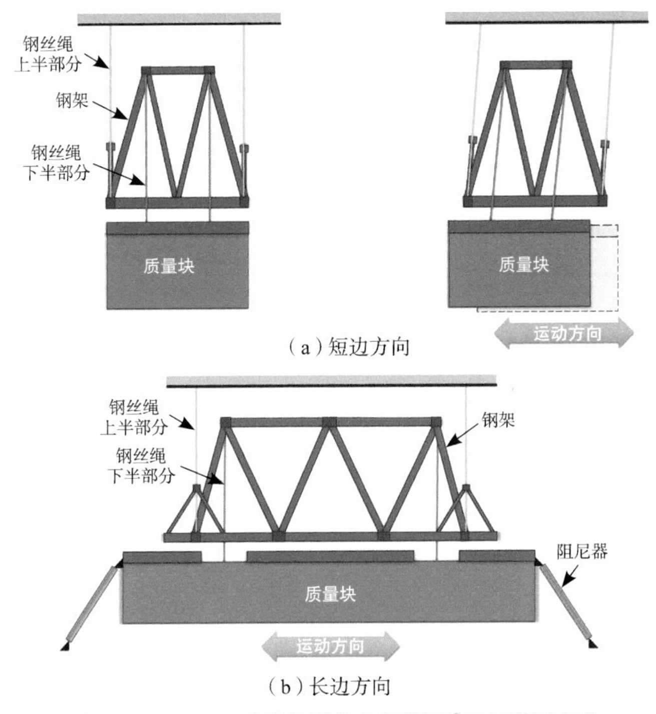

图4-24　Costums大厦的悬挂式调谐质量阻尼器示意图

4.7
立足狭窄空间的减震技艺——银座伊东屋

伊东屋是东京银座一家有上百年历史的文具店（图4-25）[15]。新建成的伊东屋店铺建筑完工于2015年，高度56m。建筑物坐落在银座最繁华地段，沿街建筑宽度仅8m，而进深长达38m，使得立面高宽比达到7，平面长宽比接近5。

图4-25 银座伊东屋建筑外观

为最大限度地增加建筑面积，结构在宽度方向采用单跨布置，同时采用了390mm×500mm的扁平柱截面，建筑外立面与用地边界线的最小距离被压缩到300mm，以尽量增加宽度方向的建筑空间（图4-26）。

在这样的狭窄空间内，为了抑制扁平状建筑物在地震作用下可能产生的沿宽度方向的水平变形和扭转变形，结构工程师在结构的前端（X1轴）和后端（X15轴）分别设置了斜撑式的油阻尼器和水平油阻尼器，在结构两侧还设置了屈曲约束支撑（图4-26）。当结构在地震下沿宽度方向发生水平变形时，斜撑式油阻尼器和水平油阻尼器均发生伸缩变形，产生阻尼力并发挥耗能作用。其中，位于建筑临街一侧的斜撑式油阻尼器被设计成细长体型，横跨两个结构层进行布置，通过建筑的透明幕墙外露形成简约质朴的立面装饰线条，与建筑师赋予整个建筑物的纤细、轻盈、通透的设计氛围相融合。

此外，为了防止在随机的地震作用下可能发生在这一细高状建筑物某一层的集中破坏，使各个结构层在地震作用下的变形分布尽可能地均匀，结构工程师在结构平面的中部（X9轴）设置了贯通结构高度的型钢剪力墙（图4-27）。剪力墙在地震作用下不同高度的变形是相对均匀的，这就好像给结构插上了一根“主心骨”，改善了不同结构层变形的均匀性。然而，剪力墙在水平方向的较大刚度也会带来一定的负面影响，那就是水平方向

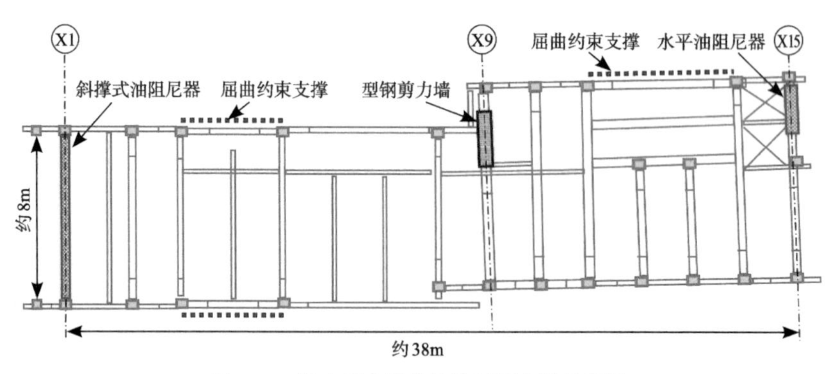

图4-26 银座伊东屋的结构平面布置示意图

的地震力可能会过分地集中在剪力墙上，对剪力墙的承载能力提出很高的要求，而原本用于承担地震力的其他结构构件反而无法充分发挥作用。为了解决这种承载力分配的不均匀问题，结构工程师进一步在剪力墙的底部设置橡胶隔震支座，这样一来，在水平地震作用下剪力墙底部的橡胶支座将发生明显变形，剪力墙对水平地震力的抵抗能力大大降低，剪力墙将只起到在高度方向保证结构变形均匀性的作用。结构各层的均匀变形使得附加在不同高度的阻尼器能够同时发挥作用，从而最大限度地利用阻尼器的耗能能力，减小结构的地震响应。

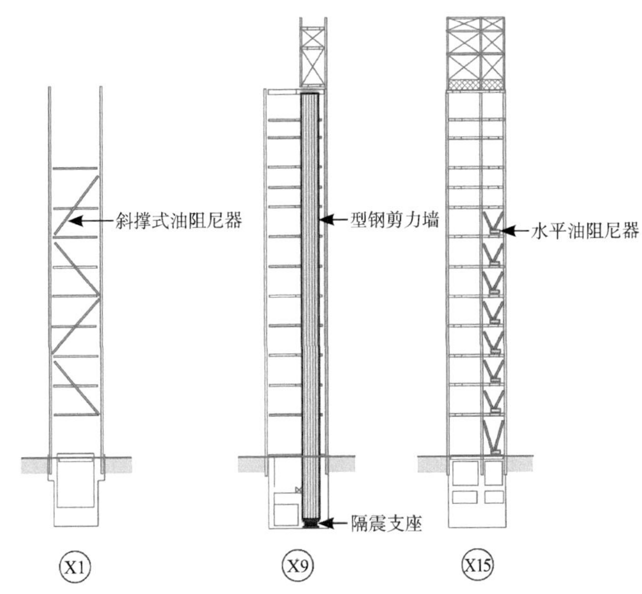

图4-27　油阻尼器和型钢剪力墙的立面布置示意图

4.8

通过削弱结构也可以降低响应——银座寿一会

寿一会是同样位于东京银座的一家眼科诊所（图4-28）[16]。该建筑物于2005年建成，高度48m。具有与前面介绍的伊东屋类似的大高宽比（宽度7.8m，高宽比约为6）。这样细高状的建筑物在地震、风等水平荷载作用下容易产生较大的响应，而结构工程师再次选择了消能减震技术作为控制结构响应的关键手段。

然而，在制定消能减震方案的过程中，结构工程师面临着这样的难题：如果将油阻尼器等消能减震装置沿结构高度分别布置在各个楼层位置，在风荷

图4-28 银座寿一会建筑外观

载或较小的地震作用下，结构的响应相对较小。

假设结构在高度方向上均匀地变形，相当于这些响应被均匀地分散在结构的不同高度，则位于不同高度的各个油阻尼器分担的变形将会更小。由于油阻尼器产生的阻尼力和消耗的能量一般与其变形的大小正相关，变形很小的情况下，油阻尼器将无法提供足够的阻尼力和耗能。此外，在结构顶部附加调谐质量阻尼器的方案经过分析测算，也无法提供足够的耗能。最终，结构工程师选择了通过在结构的变形分布中有意识地引入不均匀性，解决了上述难题。

首先，在结构的底层采用了长宽均为240mm的细长实心钢柱。实心截面使钢柱具有较高的轴向刚度，同时较小的面积使得钢柱具有较低的弯曲刚度，细长的体型使钢柱能够在较大的变形下保持弹性。相对于比较“柔软”的底层，结构从第2层直至顶层采用了带支撑的钢框架结构，使2层以上结构在水平荷载作用下的刚度明显大于底层（图4-29）。

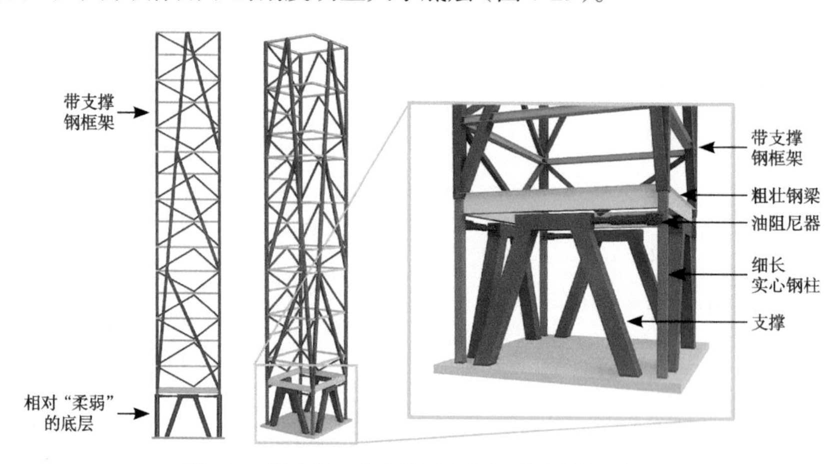

图4-29 银座寿一会结构及油阻尼器的布置示意图

在这种情况下，结构在地震或风作用下的变形将集中在底层，而上部结构的变形则被明显减小了。在结构竖向刚度分布比较均匀的条件下，结构各楼层的变形水平也将较为接近，类似于本建筑物的细高结构表现为图4-30（a）所示的上下一致的摇摆式变形模式。而当结构底层被有意识地弱化，而上部结构被相应加强的情况下，结构的变形将主要集中在较弱的底层，上部结构因变形相对很小而近似于刚体，整个细高结构表现为图4-30（b）所示的底部变形的侧移式变形模式。由于结构底层集中了几乎全部的变形，即使在风荷载或较小的地震作用下，底层的响应也较为明显。因此，将油阻尼器布置在底层，可以确保阻尼器提供足够的阻尼力和耗能。

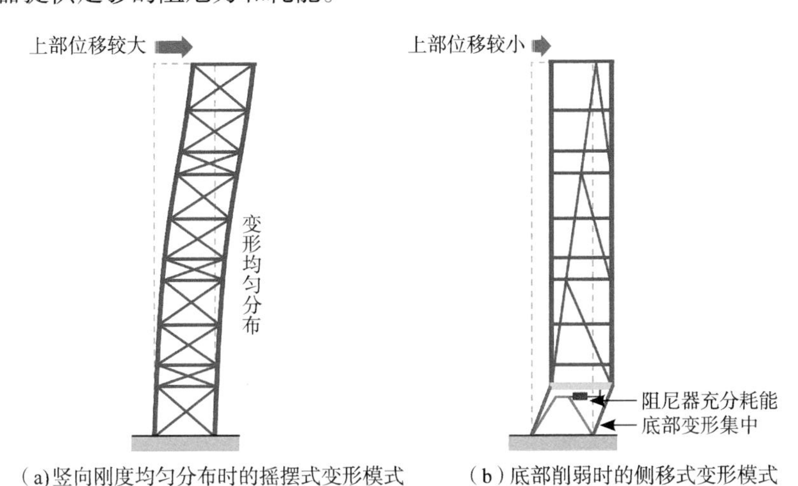

（a）竖向刚度均匀分布时的摇摆式变形模式　（b）底部削弱时的侧移式变形模式

图4-30　不同刚度分布下的两种变形模式

同时，结构工程师通过分析发现，在风荷载和相对较大的地震作用下，达到最优控制效果所需要的油阻尼器的阻尼系数不同。例如，在风荷载作用下，结构的响应相对较小，要使阻尼器的耗能效果达到最优，附加阻尼达到最大的阻尼系数较小；而在地震作用下，结构的响应相对较大，此时为了能够有效地减小结构的位移响应，有必要增大油阻尼器的阻尼力，使阻尼器扮演类似于支撑的角色，所需的阻尼系数因而比较大。针对上述需求，工程师开发了阻尼系数随速度大小发生变化的新型油阻尼器。当油阻尼器的响应速度较小时，油阻尼器的阻尼系数较小，适用于结构在风或较小地震作用下的响应控制。当油阻尼器的响应速度较大时，油阻尼器的阻尼系数较大，适用于结构在较大地震作用下的响应控制（图4-31）。

此外，通过有意识地弱化结构底层，改变结构的变形模式，实际上降低了上部结构的响应。对于本建筑物这样具有大高宽比、细高体型的结构，在图4-30所示的摇摆式变形模式下，结构的位移响应和加速度响应随着高度的增加不断增大。将结构底层弱化后，上部结构的变形明显减小，位移响应和加速度响应由此也不再随高度增加而增大。也就是说，通过对结构局部（底层）

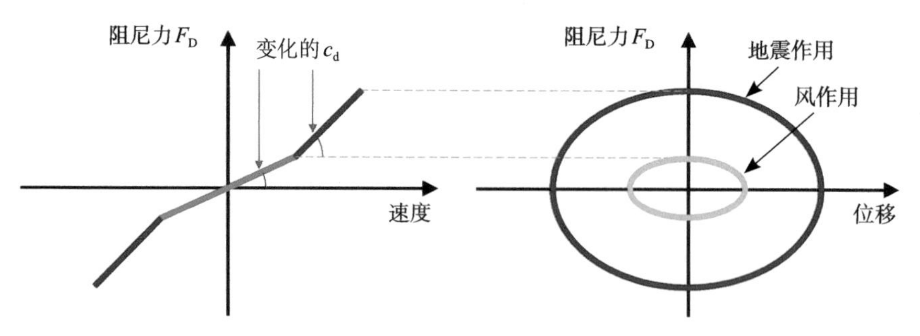

图4-31　油阻尼器的阻尼系数随响应大小变化

的削弱，改变了结构整体的变形模式，不仅实现了阻尼器耗能作用的充分发挥，而且有效地减小了上部结构的响应。

4.9
增建相邻建筑如何使既有建筑更坚固？——South Gate大厦

South Gate大厦位于大阪梅田的繁华街区，其前身是1983年落成的Acty大阪大厦，这是一栋地上28层，地下4层，高度122.4m的钢框架结构建筑（图4-32）[17]。改扩建项目规划在既有建筑的旁边增建一栋地上16层，地下2层，高度74.6m的钢管混凝土框架结构建筑。

图4-32　大阪South Gate大厦外观

在对增建计划进行设计的过程中，结构工程师面临着如下的一系列问题：首先，为了最大限度地利用有限的用地范围，新建建筑与既有建筑需要充分靠近；其次，在增建新建筑的同时，需要对既有建筑的抗震性能进行提升；最后，无论是增建新建筑还是对既有建筑进行加固，都要最大限度地降低对建筑功能的影响。

由于用地范围的限制，新建建筑与既有建筑相互独立（图4-33a）的情况下，其间距势必很小。由于两栋建筑的结构形式和高度显著不同，地震下的响应行为也会存在差异，二者间距不足可能导致结构相互碰撞等严重后果。另一种方案是将新建建筑与既有建筑完全连成一体（图4-33b）。但是整个结构的下半部分（16层以下）由新建结构和既有结构合体而成，上半部分（16层以上）则由既有结构单独构成，结构平面在上、下部分的交界位置将发生突变，这种突变可能导致地震作用下响应的放大和损伤的集中，是结构设计中应当避免的。

结构工程师最终利用消能减震技术实现了一种折中的最优方案，即将新建建筑与既有建筑充分靠近，同时在14层和15层位置各采用12个油阻尼器将两栋结构连接起来（图4-33c）。这样一来，油阻尼器一方面对响应行为存在差异的两栋结构起到缓冲作用，避免地震下可能发生的结构碰撞，另一方面结构响应的差异能够使油阻尼器充分地变形并消耗能量，减小了既有结构的地震响应，相当于实现了结构抗震性能的提升。同时，在新建结构内部布置了多种形式的阻尼器，进一步提升了新建结构的抗震性能。

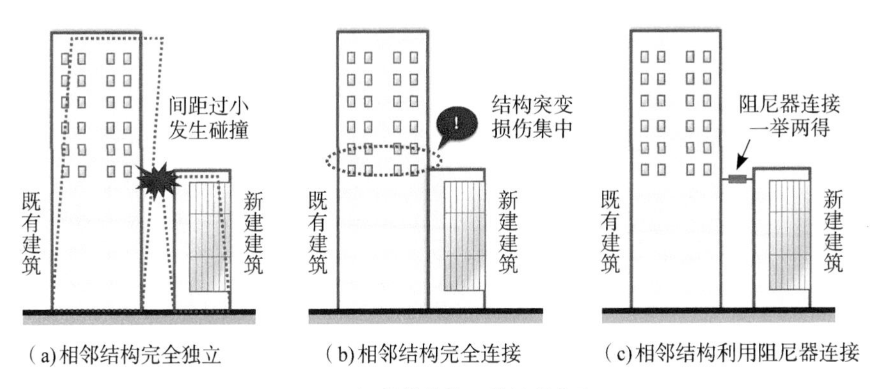

（a）相邻结构完全独立　（b）相邻结构完全连接　（c）相邻结构利用阻尼器连接

图4-33　相邻结构的三种处理方案

结构工程师们对上述三种方案下结构的地震响应进行模拟分析发现，采用油阻尼器连接两栋结构的连接减震方案可以最大限度地减小既有结构的响应。将二者连接成一个整体的方案虽然使既有结构在16层以下的响应减小，但同时也导致结构在16层以上的响应发生了明显的放大。同时，与两栋结构各自独立的方案相比，采用连接减震方案可以显著地减小两栋结构间的间距，同时避免结构发生碰撞。

如图4-34所示，油阻尼器以水平的姿态集中地布置在14层和15层的天花板内部，不会占用建筑物的任何使用空间，安装阻尼器的过程也可以最大限度地避免对建筑物的正常使用造成影响。阻尼器与结构外立面呈45°角布置，当两结构在水平面内不同方向运动时，阻尼器均可以发挥作用。两结构之间设有变形缝，容许二者之间产生微小的相对位移。可以说，South Gate大厦通过在相邻结构间连接油阻尼器，同时实现了既有建筑的扩建和抗震性能的提升，并最大限度地降低了施工过程对既有建筑使用功能的影响，是消能减震技术应用于既有结构改造加固的一个成功案例。

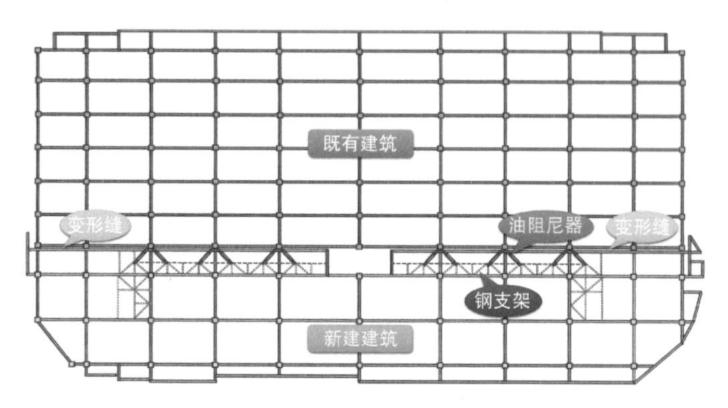

图4-34　油阻尼器在既有建筑和新建建筑连接处的布置

4.10

怎样利用最少的阻尼器提升既有建筑的抗震能力？——Seavans S馆

Seavans S馆大楼是一栋位于东京港区的钢结构大楼（图4-35）[18]。大楼于1991年竣工，地上24层，地下2层，高度106m，平面是长、宽均为51.2m的正方形，结构体型相当规则。在2011年发生的东日本大地震中，Seavans S馆大楼和东京地区的很多超高层建筑一样，出现了明显的晃动。尽管当时几乎没有结构本身出现损伤破坏的报告，但高层建筑内部的天花、隔墙等非结构构件出现了很多损坏的案例，同时大量的家具、设备等出现倾倒，影响了建筑内部的使用功能。此外，高层建筑在地震时往往出现长时间的摇摆，使建筑内部的人员感到恐慌和不适。

图4-35　东京港Seavans S馆

因此，针对Seavans S馆大楼的加固问题，结构工程师们的目标首先是尽可能地减小结构在地震下的位移响应和加速度响应。此外，还需要最大限度地避免施工对既有建筑使用功能的影响，在采用消能减震技术的情况下，意味着消能减震装置的安装数量和范围都应该被限制在最小程度。

在这一背景下，结构工程师最终制定了采用惯容阻尼器的消能减震加固方案。如图4-36所示，工程所采用的惯容阻尼器实际上由一个基于丝杠和飞轮机构的惯容单元，两个与惯容单元并联的油阻尼器，以及与惯容单元串联的弹簧机构构成。惯容单元的原理如3.4节中图3-20所表现的那样，当丝杠随框架结构变形而发生轴向运动时，飞轮旋转产生惯性质量放大作用。飞轮自重约600kg，能够产生的等效惯性质量能达到2500t，放大了约4200倍。弹簧机构的变形使惯容单元和油阻尼器能够产生独立于结构变形的运动。通过合理设定弹簧机构和油阻尼器的参数，可以对惯容阻尼器的运动进行调节，以使其最大限度地吸收和耗散地震能量，降低结构的响应。惯容阻尼器的等效质量放大作用能够以相对很小的装置质量实现对结构响应行为的调节，从而避免了调谐质量阻尼器对巨大附加质量的需求。另外，由于惯容阻尼器的响应大小可以通过合理设计实现显著的放大，从而放大与之并联的油阻尼器的耗能水平，使得通过较少数量的阻尼器即可以获得理想的结构响应控制效果。

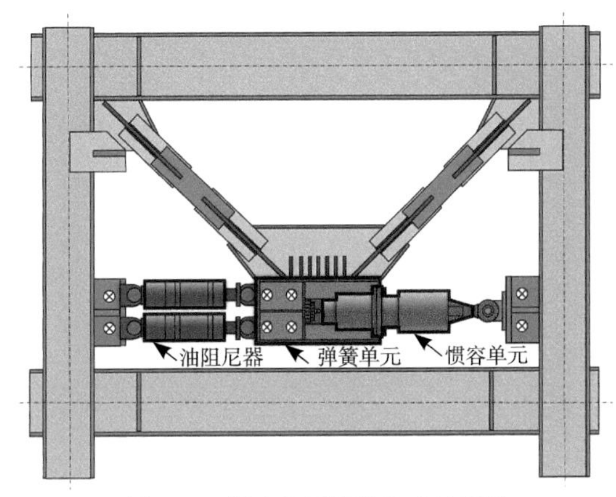

图4-36　惯容阻尼器的构成示意图

在本案例中，在Seavans S馆大楼的东西、南北两个方向上各布置了14个惯容阻尼器，东西方向上的阻尼器布置于1～4层，南北方向上的阻尼器布置于1～7层（图4-37）。这些集中布置在结构下部的惯容阻尼器可以最大限度地减少加固施工对Seavans S馆大楼建筑使用功能的影响。对结构地震响应进行的模拟分析表明，在几种不同的地震下，附加惯容阻尼器均能显著降低结构各个楼层的最大位移响应和最大加速度响应。此外，高层建筑结构在地震发生后的持续摇摆时间也被降低至约1/3，改善了地震下建筑物的舒适性。

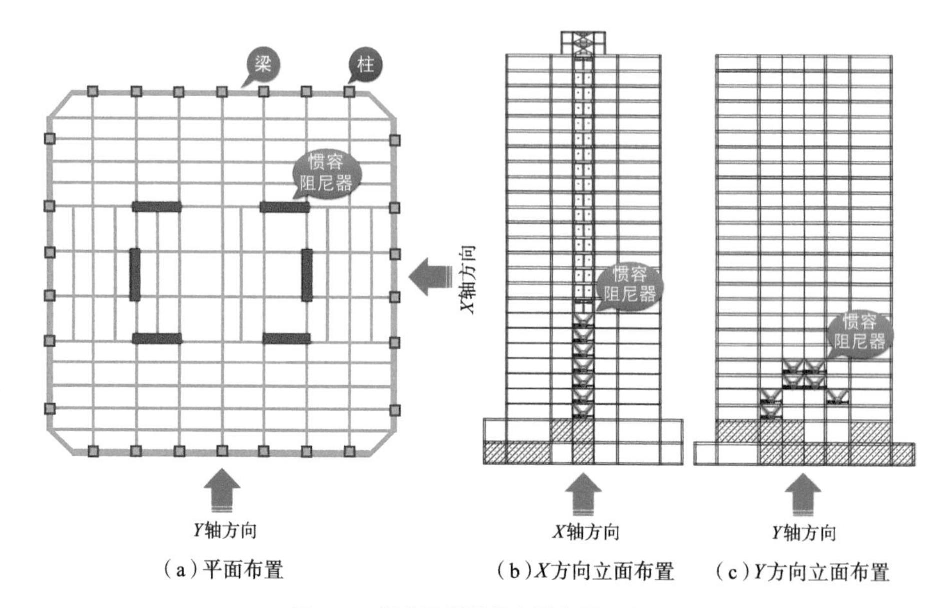

图4-37　惯容阻尼器的布置位置示意图

4.11 消能减震技术在大地震中的表现——六本木减震建筑群

东京六本木建筑群是日本标志性的都市建筑群之一，各种消能减震技术在该区域的多栋建筑上得到了应用。在2011年发生的东日本大地震中，这些建筑经历了实际地震的检验，安装在建筑不同高度的传感器记录了地震发生时建筑物不同位置的位移响应和加速度响应。根据这些传感器的记录，专家们还原了建筑在地震中的响应行为，并考察了消能减震装置对结构响应的实际控制效果。这些基于实际监测数据的分析能够为消能减震技术的效果提供令人信服的实际依据[19-20]。

作为考察对象的4栋相邻消能减震建筑的基本信息和位置关系如图4-38所示，图中的54层建筑物是六本木森之塔大楼，是一栋包含写字楼、商铺、美术馆等的大型综合建筑，结构形式为钢管混凝土柱和钢梁构成的框架结构，高度238m，采用了屈曲约束支撑作为消能减震装置。43层建筑物是包含住宅和商铺六本木Residence大楼，结构形式为钢管混凝土柱和型钢混凝土梁构成的框架结构，高度152m，所采用的消能减震装置为黏滞阻尼墙，这是一种具有建筑

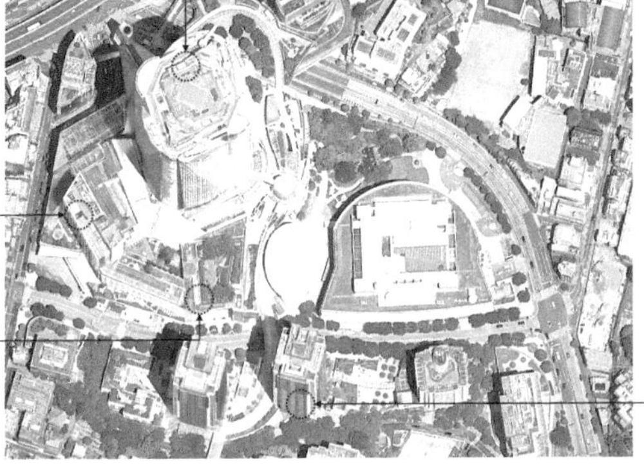

图4-38　考察的4栋消能减震建筑的位置关系和基本参数

隔墙的形式及功能的黏滞阻尼器。21层建筑物是东京君悦酒店，结构形式同样为钢管混凝土柱和型钢混凝土梁构成的框架结构，高度80m，所采用的消能减震装置为软钢阻尼墙，与黏滞阻尼墙类似，软钢阻尼墙是一种兼具建筑隔墙和消能减震功能的金属阻尼器。9层建筑物是榉坂Complex大楼，结构形式为型钢混凝土框架结构，高度48m。这是一栋顶部建有花园的商业建筑，作为东京城市中心重要的自然景观，面积超过1000m^{2}的花园内甚至还设有池塘、菜园和水稻田，在现代化的都市中心营造出美丽的田园风光。花园同时被作为附加质量，与作为弹簧单元的叠层橡胶支座，作为阻尼单元的黏滞阻尼器一起，在大楼顶部构成了一个体量庞大且具有建筑功能的调谐质量阻尼器。

在上述4栋建筑物的不同高度布置了位移和加速度传感器，记录了东日本大地震发生时建筑物不同高度处位移和加速度响应的变化过程。专家们还根据传感器的监测结果识别出决定结构响应行为的各种关键参数，并在此基础上对结构的地震响应进行了模拟和评估。图4-39所示为54层建筑在不同高度的位移和加速度响应，其中黑色圆点表示在地震中传感器监测到的位移和加速度响应的最大值，白色圆点则表示它们基于计算机的模拟评估结果，从图中可以看出，黑色和白色圆点吻合得非常好，说明识别出的结构参数能够比较准确地反映结构的实际特性，在此基础上，响应的模拟评估结果和实际监测数据相当接近。除此以外，图中虚线连接的灰色圆点表示不考虑附加阻尼器（对于该建筑物而言，即不考虑屈曲约束支撑）的情况下结构可能的位移和加速度响应。可以看到对于实际的附加阻尼器的结构而言，无论是位移响应还是加速度响应，都明显小于不附加阻尼器情况下的预测结果，响应降低的幅度接近30%。这说明安装在该54层建筑上的屈曲约束支撑和油阻尼器发挥了消能减震的作用，有效降低了结构的位移响应和加速度响应。

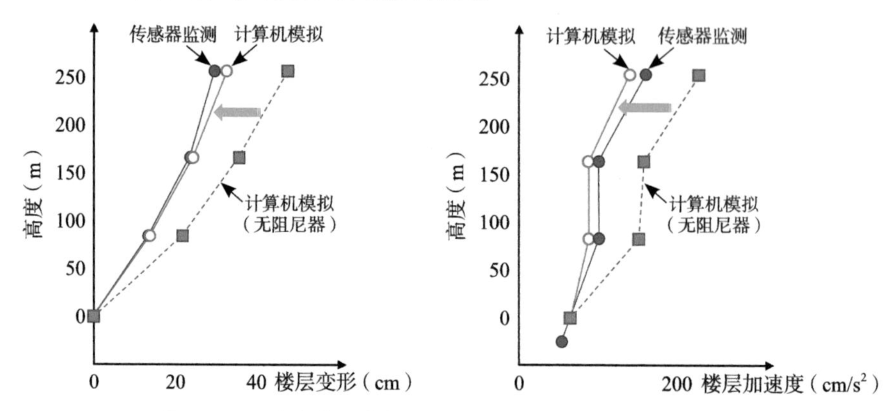

图4-39　六本木森之塔大楼地震响应的监测结果和模拟结果

类似地，图4-40中表示了43层建筑物在地震中不同高度位置处位移和加速度响应最大值的监测结果（白色圆点），模拟评估结果（黑色圆点），以及不考虑附加阻尼器情况下结构位移和加速度响应的最大值预测结果（虚线连接的灰色圆点）。这些结果表明安装在该建筑上的黏滞阻尼墙发挥了显著的消能减震作用，将结构的位移响应和加速度响应降低了50%左右。

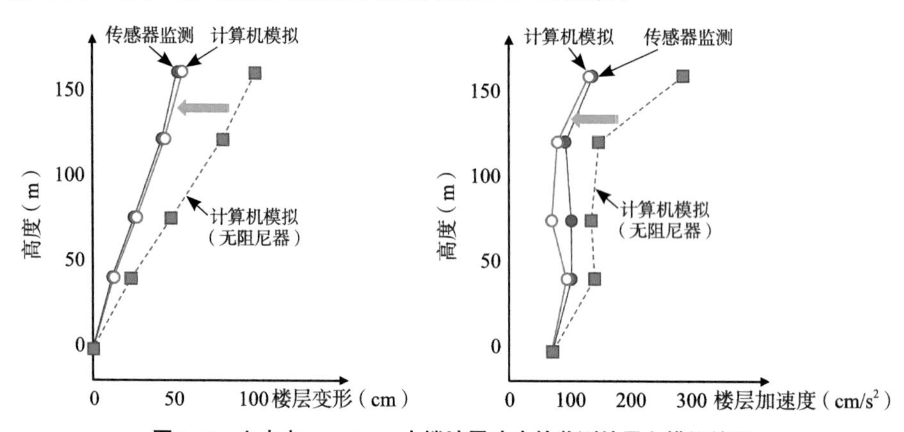

图4-40　六本木Residence大楼地震响应的监测结果和模拟结果

然而另一方面，软钢阻尼墙在21层建筑物上的表现却不尽如人意。从传感器的监测结果来看，地震中建筑所在地的地面加速度最大值在X、Y两个方向分别为0.086倍和0.057倍的重力加速度g，而地震中在建筑物楼顶监测到的加速度响应最大值在X、Y两个方向则分别达到了0.48g和0.32g，在两个方向上均比地面加速度放大了5.6倍左右。而对于前面介绍的54层和43层两栋建筑物，加速度响应的放大程度仅有2～3倍。在震后调查中专家们发现，这是由于软钢阻尼墙作为金属阻尼器，其阻尼力随着变形程度而增加，当结构的位移响应较小时，阻尼器的变形尚未达到使金属屈服的程度，因而无法产生塑性变形并发挥消能减震作用。此时的软钢阻尼墙仅为结构提供额外的刚度，而这恰恰是使结构楼顶加速度响应显著放大的原因。

对于利用楼顶花园作为调谐质量阻尼器的9层建筑物，专家们基于监测结果对结构响应进行模拟分析的结果表明，通过附加调谐质量阻尼器，将结构整体的阻尼水平增大了20倍以上。在此基础上模拟得到的结构位移及加速度响应（白色圆点）与监测结果（黑色圆点）非常吻合（图4-41）。不考虑调谐质量阻尼器控制作用的情况下，结构的位移及加速度响应由虚线连接的灰色圆点表示，可以看出不同高度处响应的降低幅度达到了2/3～3/4，调谐质量阻尼器的控制效果非常显著。在图4-41中还能看到，楼顶调谐质量阻尼器的附加质量在地震中产生了远大于结构的位移响应，这反映了3.4节中所阐述的，调谐质量阻尼器通过放大自身响应吸收并消耗地震能量，从而使结构响应降低的吸能减震原理。

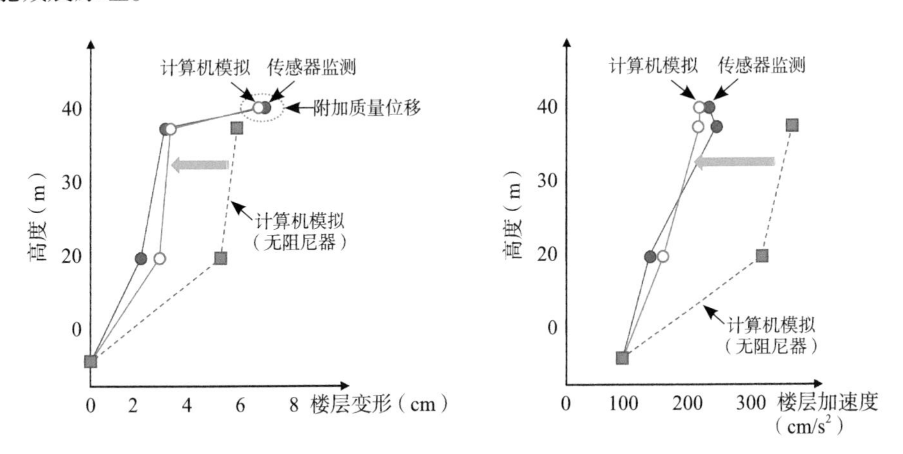

图4-41　六本木榉坂Complex大楼地震响应的监测结果和模拟结果

Hi，我是小消。

到这里，我们的结构消能减震探索之旅就结束了。

现在，您对于这个抗震先锋有了什么样的新的认识呢？

通过这本小书，我们希望大家能够从基本原理、装置、工程应用等角度，了解消能减震技术的一系列基本概念。

我们更希望本书能够引起大家对消能减震技术和防灾减灾科学的兴趣，为大家的进一步学习和研究起到抛砖引玉的作用。

最后，希望消能减震技术能够在未来更多地与大家相遇，为人们更安全、更舒适的生活做出它的贡献。

参考文献

[1] 葛鸿鹏，周鹏，伍凯，等.古建木结构榫卯节点减震作用研究[J].建筑结构，2010，40(S2)：30-36.

[2] Chiba K，Fujita K，Koshihara M，et al. Fundamental vibration characteristics of traditional timber five storied pagoda by shaking table tests：part 1，experimental results of traditional timber five storied pagoda scaled model[J]. Journal of Structural & Construction Engineering(Transactions of AIJ)，2007，72(614)：69-75.(in Japanese)

[3] Ono T，Kameyama Y，Idota H，et al. Horizontal loading test and hysteretic characteristics of actual traditional timber temples：part 1，evaluation of seismic safety of traditional timber temples[J]. Journal of Structural and Construction Engineering(Transactions of AIJ)，2007，72(612)：117-123.(in Japanese)

[4] 周福霖. 工程结构减震控制[M]. 北京：地震出版社，1997.

[5] Constantinou M C，Soong T T，Dargush G F. Passive Energy Dissipation Systems for Structural Design and Retrofit[M]. New York：Multidisciplinary Center for Earthquake Engineering Research，1998.

[6] Makris N，Aghagholizadeh M. Effect of Supplemental Hysteretic and Viscous Damping on Rocking Response of Free-Standing Columns[J]. Journal of Engineering Mechanics，2019，145(5)：04019028.

[7] Masaki N. Performance and Material Characteristics of 30 years Use Laminated Rubber Bearings for Seismic Isolation of Buildings[J]. Nippon GomuKyokaishi，2020，93(1)：3-9.

[8] Pall A S，Pall R. Friction-dampers for seismic control of buildings：a canadian experience[C]//Eleventh World Conference on Earthquake Engineering，June 23-28，1996，Acapulco，Mexico.

[9] 丁洁民，何志军，王华琪，等. 同济大学教学科研综合楼复杂高层结构分析与设计[J]. 建筑结构，2008(10)：1-5.

[10] Samuele I, Jamieson R, Rob S. Viscous dampers for high-rise buildings[C]//The 14th World Conference on Earthquake Engineering, 2008, Beijing, China.

[11] 吴国勤，傅学怡，黄用军，等. 华润深圳湾总部大楼结构设计[J]. 建筑结构，2019, 49(7): 43-50+34.

[12] MacKay-Lyons R, Christopoulos C, Montgomery M. Enhancing the seismic performance of RC coupled wall high-rise buildings with viscoelastic coupling dampers[C]//The 15th World Conference on Earthquake Engineering, 2012, Lisbon, Portugal.

[13] Sarkisian M P, Lee P L, Garai R. San Diego Central Courthouse: Superior court of California[J]. Structure, 2019(6): 34-37.

[14] Inaudi J, Rendel M, Vial I. Nonlinear Viscous Damping and Tuned Mass Damper Design for Occupant Comfort in Flexible Tall Buildings Subjected to Wind Loading[J]. MecánicaComputacional, 2017, 35(12): 567-594.

[15] Kawaguchi M, Shibata Y, Fujinaga N. G. Itoya[J]. Menshin, 2017, 96(4): 24-27. (in Japanese)

[16] Yasuhiro H, Watanabe Y. Seismic response of a soft first-story building[J]. Journal of Disaster Research, 2009, 4(3): 239-245. (in Japanese)

[17] Amasaki T, Koshino E, Yasuda H, et al. Southgate building adopted coupling vibration control strategy[J]. Menshin, 2013, 79(2): 17-20. (in Japanese)

[18] Matsui K, Watanabe Y, Okada M, et al. Vibration control retrofit of Seavans S building[J]. Menshin, 2012, 78(11): 12-15. (in Japanese)

[19] Chaya Y, Kasai K, Tsuchihashi T, et al. Analysis of response records from advanced protected buildings in a district of Tokyo shaken by the 2011 Tohoku Earthquake: part 1, general overview and a case of building with green mass damper[C]//Conference of Architectural Institute of Japan, 2013, Sapporo, Japan: 603-604. (in Japanese)

[20] Truchihashi T, Kasai K, Chaya Y, et al. Analysis of response records from advanced protected buildings in a district of Tokyo shaken by the 2011 Tohoku Earthquake: part 3, three cases of response controlled buildings[C]//Conference of Architectural Institute of Japan, 2013, Sapporo, Japan: 607-608. (in Japanese)